"十四五"普通高等教育规划教材
国家级一流本科专业建设点配套教材·视觉传达设计系列
高等院校艺术与设计类专业"互联网+"创新规划教材
本书受北京印刷学院优势专业建设视觉传达设计项目资助（项目编号：22150118009/003）

# 书籍设计

杨宇萍　编著

## 内容简介

本书以设计课程为出发点，讲授怎样去做一本书，不仅梳理了教师在书籍设计课程中的教学方法，而且如实地记录了学生学习做书的过程。本书主要介绍了书籍内容的编辑设计、书籍设计的装帧形态、书籍的文字与版面设计、书籍的整体设计等内容。书籍设计课程，不应止步于对书籍设计形式的探索和追求，还应提升内容质量，所以本书特别介绍了挖掘书籍的文化感染力，增强书籍内容的亲和力的方法。

本书可作为高等院校艺术与设计类专业视觉传达设计方向的教材，也可作为艺术与设计类相关专业方向的辅助教材，还可供从事书籍设计工作的人士参考阅读。

**图书在版编目 (CIP) 数据**

书籍设计 / 杨宇萍编著．—北京：北京大学出版社，2023．4
高等院校艺术与设计类专业“互联网 +”创新规划教材
ISBN 978-7-301-33999-2

Ⅰ．①书…　Ⅱ．①杨…　Ⅲ．①书籍装帧—设计—高等学校—教材　Ⅳ．① TS881

中国国家版本馆 CIP 数据核字（2023）第 080156 号

**书　　名**　书籍设计
　　　　　　SHUJI SHEJI
**著作责任者**　杨宇萍　编著
**策划编辑**　孙　明
**责任编辑**　孙　明　王　诗
**标准书号**　ISBN 978-7-301-33999-2
**出版发行**　北京大学出版社
**地　　址**　北京市海淀区成府路 205 号　100871
**网　　址**　http://www.pup.cn　　新浪微博：@ 北京大学出版社
**电子邮箱**　编辑部 pup6@pup.cn　　总编室 zpup@pup.cn
**电　　话**　邮购部 010-62752015　　发行部 010-62750672　　编辑部 010-62750667
**印 刷 者**　北京宏伟双华印刷有限公司
**经 销 者**　新华书店
　　　　　　889 毫米 ×1194 毫米　16 开本　7.5 印张　228 千字
　　　　　　2023 年 4 月第 1 版　2024 年 1 月第 2 次印刷
**定　　价**　49.00 元

---

# 前言

高校学生是阅读书籍的青年主体，四年的大学学习更是海量阅读、汲取知识、增进学识和提高修养的黄金时间。“让学生好读书、读好书”不应只是艺术与设计类专业的教学目标，还应成为所有专业的教学共识。党的二十大报告提出：“教育是国之大计，党之大计。培养什么人、怎样培养人、为谁培养人是教育的根本问题。”高校只有提高教育教学质量，从学生的阅读量抓起，才能真正唤醒学生内在的学习兴趣。学生只有凭借对书籍阅读的热爱才能做好书籍设计，因此在书籍设计课程中，教会学生如何读好书和如何做好书是最重要的教学目标。本书将在“第一章　书籍设计课程的教学理念和教学安排”着重讲述教学目标、教学内容和教学方法这三者之间的统一性、连贯性与协调性。对于教师来说，高质量教学目标的实现要依托丰富、具体、多维的教学内容，并融合与学生接受能力和知识储备量相匹配的教学方法。而作为学生，学会如何去学习才是在这门课程中最大的收获。

书籍设计课程从编辑一本书开始，对于无论是自拟选题的书籍设计，还是书籍的再设计，这门课程的要求都是一致的。学生先将自己从读者角色转换至编者角色，在编辑书籍内容的初期，需要发掘类似主题的书籍来阅读。在这个过程中，该课程给学生创造了多读好书的机会，也培养了学生浓厚的阅读兴趣。伴随着对读书和做书的热爱，学生自然而然地进入“第二章　书籍内容的编辑设计”，这个教学板块将书籍设计和编辑出版两个不同学科的知识融合，符合主题多样丰富、内容翔实、结构层级清晰等要求的编辑设计是书籍设计良好的开端。好的编辑策划才是书籍设计最有力量的起点，对书籍内容的编辑设计做初步的了解和掌握，而不是直接从书籍的视觉设计切入课程主题，是书籍设计课程十分重要的教学要求。这部分的课程将对书籍的主题、书籍的名称、书籍的内容框架及书籍各组成部分等书籍的编辑设计知识进行系统的讲解。经过对书籍内容的反复编辑，书稿会慢慢成型。

学生需要在书籍主要内容框架和具体细节内容基本确定好之后，思考书籍的装帧形态。书籍的装帧形态对于书籍的内容来说，更像一个能够匹配书籍内容的空间，或是可以承载书籍内容的容器。因此，了解书籍设计中多样的装帧形态就十分重要。“第三章　书籍设计的装帧形态”主要讲述中国古代书籍设计装帧形态的发展历程。从秦汉时期的简策到明清时期的线装书，每一种书籍装帧形态都有图示。书籍设计的装帧不是简单地将多张打印好的零页装订在一起，而是要从书籍整体、书籍局部、书籍前后页的衔接、书籍前后页的转折，以及书籍三度空间中各个角度的衔接转折来整体营造书籍的动态三维空间。学生学习不同历史时期的各种书籍设计装帧形态，了解中国书籍装帧艺术的发展历史，再结合不同的书籍设计主题，在书籍设计过程中去传承和创新中国优秀的书籍设计文化。

学生在搭建好书籍整体装帧形态之后，就可以将文字内容和图片素材按照书籍装帧的形态排列好。在这个阶段，书籍的版面设计十分重要。文字既是版面设计的主体元素，又是版面设计最为重要的组成部分。本书在“第四章　书籍的文字与版面设计”中，将文字设计、版面设计这两门课程知识与书籍设计相关知识融合讲授。文字作为书籍最基础的内容元素，在书籍设计课程中一直都很重要。而且，文字作为中国书籍文化最基础的传播者，也一直扮演着传承中华优秀传统文化的重要角色。在书籍设计教学中，教师应将文字设计融入具体的文本中进行探索，引导学生喜爱汉字，喜爱读纯文字的书籍，进而鼓励学生选择文字量较大的书籍进行设计探索。即使学生选择以图片为主要视觉表现语言的书籍，教师也应在教学中特别强调书中少量文字的设计质量。书籍的版面设计是连接各类书籍素材内容的关键。从书籍的整体设计角度来讲，版面设计也是书籍设计创意理念中很重要的一个部分，设计者需要找到独特的版面设计来支持书籍设计的整体创意和整体阅读情境。

“第五章　书籍的整体设计”包括理论讲授和作品点评两部分，结合了书籍设计和印刷设计这两门课程的内容。书籍设计需要长时间、连续地设计几十页甚至上百页的作品，没有建立好书籍的整体设计概念是无法完成一本书的设计任务的。在任何一个单一的书籍设计环节，如果只考虑从局部解决问题，那么书籍的完稿就是拼凑完成的。因此，在书籍理论的讲授和书籍作业的辅导过程中，教师需要反复强调用书籍的整体设计概念来确定每一个书籍设计的细节。这些设计细节包括书籍的装帧形态的选择、书籍封面书脊封底的版面设计、书籍正文页的版面设计、版面中字体的选择、版面中色彩的选择等。学生在完成书籍设计的过程中需要做很多次设计选择，到底如何选择，需要根据书籍的整体设计概念来确定。本书选择了 10 本不同主题的书籍设计作品，客观真实地还原了每一本书的设计过程。在每一个设计环节中，学生都在逐步将书籍整体设计创意转化为书籍视觉化设计方案，并在书籍数码印刷的前后不同阶段，寻找做出丰富的书籍材质和书籍装帧形态的可能性。

如今已经进入一个视觉文化的时代，丰裕型社会满足了人们基本物质生存所需的条件，人们需要过一种精致的阅读生活，对于书籍的要求不应只是传递文本信息。因为，如果书籍只具备传递文本信息的功能，那么电子书在传递海量的信息和数据这方面占据了很大的优势。电子媒体的传播速度、容量和成本都是传统纸质媒介所不能比拟的。但是，除了屏幕观看和 AR、VR 沉浸式观看的阅读方式之外，电子媒体还不能提供更多，甚至更护眼的阅读形式。电子化的阅读方式和阅读形态引发了普遍的视力问题，因此，人们对纸质书籍还有一定的需求。在阅读优质的纸质书籍时，读者能感受到艺术的生命力，书籍设计的美在纸质书中被淋漓尽致地展现出来。书籍的设计者运用丰富多样的设计方法和设计语言，创造性地表现出书籍纸张多样的翻阅感、书籍结构多维的空间感和书籍印刷多层次的触感，可为具有优质内容的书籍营造出全新的、逼真的、现代化的阅读情境。

特别感谢北京印刷学院对本书的出版提供资助，感谢北京印刷学院设计艺术学院对本课程教学工作的大力支持，感谢北京大学出版社为本书的出版付出的努力，也十分感谢所有参与书籍设计课程的学生！

由于编者水平有限，编写时间仓促，书中如有疏漏，恳请识者指正。

编者

2022 年 9 月

# 目录

**第一章　书籍设计课程的教学理念和教学安排 / 001**
一、书籍设计课程的教学培养目标 / 002
二、书籍设计课程的教学内容 / 002
三、书籍设计课程的学习方法 / 002
四、书籍设计课程的作业安排 / 003
思考题 / 004

**第二章　书籍内容的编辑设计 / 005**
一、书籍名称的编辑设计 / 006
二、书籍各组成部分的编辑设计 / 011
思考题 / 026

**第三章　书籍设计的装帧形态 / 027**
一、书籍设计装帧形态的形成 / 028
二、书籍的开本设计 / 053
思考题 / 056

**第四章　书籍的文字与版面设计 / 057**
一、书籍的文字设计 / 058
二、书籍的版面设计 / 070
思考题 / 087

**第五章　书籍的整体设计 / 089**
一、书籍设计的创意思路与创意方法 / 090
二、书籍设计结构小样的制作与设计完稿 / 090
思考题 / 112

**参考文献 / 封三**

# 第一章 书籍设计课程的教学理念和教学安排

书籍设计课程是一门综合性很强的专业设计课程。这门课程在艺术与设计类专业学科中占据着十分重要的位置，是视觉传达设计专业学生的一门必修课程。书籍设计课程既包含二维设计的基础知识：构成设计、字体设计、图形设计、版面设计；又涵盖三维设计的基本知识：结构设计、装帧设计、材质设计、印后工艺设计。

由此可见，书籍设计不仅是平面纸张的连接，而且是视觉信息在书籍载体空间中的精彩呈现。书籍设计不能止步于对形式的探索和追求，更为重要的是挖掘和表现书籍内容的文化感染力和亲和力，后者往往更难实现。书籍的文化内涵是书籍的精神内核，在书籍设计中不可或缺。

## 一、书籍设计课程的教学培养目标

书籍设计课程教学最基础的目标是培养爱读书的学生，只有保持对书籍阅读的热爱，才能做好书籍设计，这点是十分重要的。试想，一个人如果从来不读书也不喜好读书，那么他怎么可能做好书籍设计呢？但是，达成这一最基础的目标并非易事。众所周知，艺术与设计类专业的学生在重视专业课学习的同时往往会轻视文化课的学习，这不单单体现在他们的高考文化课成绩上，他们在学习的积极性、课外阅读延伸的深广度等方面都存在不足。这些差距直接影响学生对书籍设计的整体把握能力、对书籍内容的理解能力，以及对书籍文化的呈现能力。

书籍设计教学最重要的目标是使学生掌握专业的书籍设计语言。书籍设计不同于品牌设计、包装设计、广告设计等视觉传达设计门类，书籍设计有独特的设计语言及文化内涵。书籍与读者的视觉距离更近，更容易与读者在精神层面产生联系，因此，学生掌握专业的书籍设计语言十分重要。专业的书籍设计语言不只体现在书籍的整体设计上，更体现在书籍的各个设计细节上。只有持续不断地对书籍的文字、图片、版面、纸张、装帧、印刷工艺等细节进行打磨，追求完美，才能显现出教师及学生在这门课程中的专业态度。如果因为各种原因浅尝辄止，那么培养出来的学生及其完成的书籍设计作品就很难达到专业的基本要求。

书籍设计教学最难实现的目标是使学生认同书籍文化并将其在书籍设计中表现出来。我们知道设计形式取决于设计内容，书籍设计课程更能体现出书籍形式和内容之间唇齿相依的关系。高等专业设计院校不仅要培养学生基础的设计能力及设计技巧，更重要的是培养学生理解这些设计技巧并运用它们来传达书籍设计文化的能力，以更加具有创新性、审美性、功能性的新设计来服务当今的创新型社会。书籍设计既不能忽略书籍内容，执着于书籍设计形式的创新探索，也不能无视书籍编著者，只专注于自我表现。这两种情况都反映出书籍设计者对于书籍设计文化的理解有偏差。党的二十大报告提出：“坚守中华文化立场，提炼展示中华文明的精神标识和文化精髓，加快构建中国话语和中国叙事体系，讲好中国故事、传播好中国声音，展现可信、可爱、可敬的中国形象。”因此，教师在教学过程中，要特别注重培养学生对书籍设计文化的认同感，提升学生对书籍设计文化的喜爱度，只有这样才能使阅读经验少的学生逐渐理解书籍设计文化的内涵，促使学生对书籍设计文化产生更深层次的理解。

## 二、书籍设计课程的教学内容

书籍设计课程的教学内容应充分体现课程培养目标，教师应依据培养目标制定课程的教学大纲。在教学实践中，任课教师只有遵照教学培养目标和教学大纲才能够保证教学水平。教学培养目标和教学大纲中最基本、最核心的内容应在教学实践中长期稳定落实，不能以实验教学、探索教学之名频繁改动教学培养目标和教学大纲中的内容。

对于视觉传达设计专业来说，书籍设计课程的学时不宜设置得过短，因为这是一门需要长时间学习和研究的设计专业必修课。书籍设计课程最少需要 64 学时，这既包括教师授课的课时，也包括学生做作业的课时。如要进行深入的探究学习，最好安排 96 学时或更长时间。对于其他选修这门课程的学生来说，因为他们的选修学时相对较少，教师可以安排 32 ～ 48 学时讲授理论知识，授课内容应侧重书籍设计通识，可以减少甚至不安排学生的实践作业，以节约课时。

书籍设计课程属于视觉传达设计专业的专业设计课程，专业设计课程的授课内容应区别于基础设计课程，不能是基础设计课程内容的简单叠加。但是，学生在学习书籍设计课程之前，应先系统地学习基础设计课程，如构成设计、字体设计、图形设计、版面设计、印刷设计等。学生只有学习过这些基础设计课程，才有可能对书籍设计课程有整体领悟和整体运用。在教学实践中，教师经常会遇到一类问题：有些内容明明在基础设计课程中都教授过，学生在基础设计课程中也都领悟得很好，但他们不能在专业设计课程中融会贯通已学过的知识。所以，专业设计课程的教学内容应囊括基础设计课程的教学内容，运用专业设计课程的整体性学习方法和知识体系再次研究设计基本点。也可以这么理解，越是回到设计原点，越是探究设计基础，就会越自然地形成具有体系感和系统感的设计专业创新价值。

## 三、书籍设计课程的学习方法

学生在学习书籍设计课程时应注意学习方法。针对目前设计专业的学生非常依赖计算机的问题，各设计类高校都给设计专业的学生配备了学生机房或设计工作室。配置丰富书籍设计实验设备的设计工作室能为学生提供良好的教学环境。如果学生机房的条件相对简单，学生就容易养成随身携带平板电脑上课的习惯。长此以往，学生在课程各阶段都将表现出对计算机的依赖。比如，在书籍设计的选题阶段，他们经常会将时间耗费在网络搜索中以获取灵感，而不是去独立思考。等到确定书籍主题，要开始编撰书籍内容的时候，学生更习惯借助网络搜索东拼西凑书籍的文字内容和图片素材。一般情况下，在网络中能轻易获取的素材，内容质量都不高，也不符合书籍印刷的标准，且存在版权归属等各类书籍出版问题。

在书籍的整体设计阶段，部分学生连设计方案都没有思考，就打开Adobe InDesign设计软件开始排版。整个设计过程中，学生对于设计方案的调整和修改都来源于其对电脑屏幕的视觉经验。因为学生前期未能构建书籍的整体设计概念，所以面对设计软件的快捷设计选择时会不知所措，往往经过多次被动地修改仍然得不到满意的设计效果。

教师在书籍设计课程中发现这些问题后，应及时调整教学方法，并要求学生改变书籍设计课程的学习方法。教师在辅导学生时，应要求学生提供书籍设计的概念草图或方案。在书籍设计的每一个阶段，教师都应要求学生将深思熟虑后完成的小样或者书籍完稿交上来，在此基础上与学生沟通，对其进行辅导。这样既能以实物的形式充分地展现学生的创意思维，避免因为没有创意草图而影响师生沟通，又能提高教师对于每位学生的辅导效率，避免将时间浪费在对创意方案的口头讨论上。

在书籍设计课程作业的成品阶段，学生需要依据书籍设计的打印稿和装订出来的书籍样稿确定整体设计方案，并对书籍设计的各个细节进行推敲。很多学生的设计进度偏慢，在课程即将结束时仍处于版面设计阶段。指导教师通常看不到这部分学生的书籍设计成品，也来不及在书籍的选纸、装订、数码印刷及手工制作这些关键的环节辅导学生。学生尽早进入以上环节，接受教师指导，是提升设计作品整体质量的关键。

## 四、书籍设计课程的作业安排

书籍内容及其承载的文化内涵是书籍设计最重要的组成部分，但往往被忽视。这也是为什么学生经常会设计出空洞的作品、陶醉于个人风格的表现的作品和盲目地探索设计元素的作品。出现这些问题的根本原因就是书籍设计课程的学时太少，课程的开设不是科学地依据系统化的学科及相关学科在该系统中的分布状态，而是简单地将多门课程的内容合并在一起，规定学时内讲不完的重要内容被主观地删除或者忽略了。这样一来，学生的书籍设计作品会表现出宏观控制的缺失和设计细节的空洞。具体表现在以下几点。

### （一）自拟选题

书籍设计课程中教师布置的作业大多数允许自拟选题，给予学生宽泛的选题范围。书籍设计的选题类别有社科、文学、艺术、科技、教育、辞书、古籍、民族、少儿等。学生想要做出一个好的选题，就必须关注书籍出版，关注人们所生存的环境及其人文价值，这样思考出来的选题既有个性又有社会价值。而过于个人化的心情写照或者日记写真难免会呈现出视野狭窄的幼稚情结，不能体现出大学生对学业的担当及社会责任感。

### （二）自拟文字

由于书籍设计的选题是自拟的，所以学生在开始书籍的视觉设计之前会先进入内容编辑设计阶段，这是学生最容易忽视的一个环节。他们往往在很短时间内就完成书籍内容和书籍文字的梳理，然后非常匆忙地进入真正的书籍设计阶段，这导致书籍文字层次不丰富。学生只对书籍所必须包含的规范性内容做文字梳理工作，比如书籍的版权页、序、目录、章节、正文等。在某些概念性书籍设计作品中，甚至看不到这些书籍的基本内容元素。正是在梳理如书籍灵魂一般的文字的过程中，学生才能够挖掘出独特的书籍设计概念。

### （三）自拟图片

自拟的选题中有一个很重要的素材部分，那就是书籍的图片。图片来源渠道广泛，有摄影图片、矢量的图形素材等。相比文字内容，学生对图片素材更敏感。因为书籍是要被打样或者被印刷出来的实物，所以学生非常在意图片的清晰度和版权，他们不可能到互联网上收集那些分辨率低的图片。如果要扫描那些高质量的图片，就必须具备版权意识。虽然这只是一项课程作业，但也不能侵犯别人的版权。以上两点限制恰恰促进了学生的原创作品，图可以由学生来创作，也可以由学生来拍摄，原创素材会成为书籍设计作品的创新点。

### （四）自拟全方位的视觉设计

书籍设计进入全方位的视觉设计阶段，其实已经可以窥见全书的质量了。书籍的文字内容和图片素材都被学生编辑设计过了，接下来的工作是从整体设计的角度选择一种最合适的方式来组合它们。但是学生常常不这么认为，他们中的一部分完全没有参与前期的编辑设计，或者只是草草应付了事，想着在视觉设计阶段再好好地进行书籍设计，结果往往事与愿违。在一堆凌乱而繁杂的文字内容和图片素材面前，怎样去进行书籍的信息层次设计，又怎样将书籍设计中的诸多细节提升到艺术表现的层次，是一系列复杂的问题。

### （五）自拟视觉编辑设计和内文编排设计

在全方位的视觉设计方案确定下来之后，书籍设计进入相对枯燥的内文编排设计阶段。这是一段令学生感到十分辛苦和煎熬的时间。编排连续的书籍页面十分考验学生对于书籍的整体控制能力及对书籍最细微处的变化的处理能力。几十个甚至上百个页面的整体设计需要科学的安排和艺术的处理。很多学生在没有确定好整体设计方案的情况下就开始书籍正文部分的设计，导致后面的环节出现了很多问题。比如，学生在设计感觉良好时，能够设计出一两个好的版面。但是，毕竟良好的设计感觉持续时间不长，在没有设计感觉的情况下，怎样接着去做连续页面的排版就是很大的问题。因此，书籍设计中的网格设计和版面视觉流程设计是学生必须掌握的内容。教师以科学的方法为辅助，引导学生进行大规模的书籍设计会对他们的艺术设计灵感起到保护作用，也利于提升书籍的整体设计质量。

### （六）自拟书籍设计具体物化方案

学生在确定书籍设计电子方案后，往往会觉得自己的设计作品已经完成了一大部分。剩下的打样、装订环节可以完全交予打印社。但是，由于打印社的纸张种类和装订形式都十分有限，而学生的单本作品也不可能在印刷厂印制，所以学生的书籍设计作品往往得不到良好的实物呈现。成品书的制作和呈现能够让学生深入了解书籍装帧的各种形式，使学生感受到不同的纸材及不同的书籍装帧工艺，从而将书籍的整体设计概念淋漓尽致地表现在书籍设计的最终环节中。

学生在书籍设计课程中完成的书籍设计作品给正在从事书籍设计教学工作的教师带来了诸多启发和帮助，也使教师能够清醒地认识到目前书籍设计教学中存在的问题。书籍设计教学不能趋于简单化。当面对“大书籍”的系统化学科及中国历史悠久的书籍设计文化时，教师带领学生所做的这些自编、自导、自演的书籍设计作品就显得意义重大。

## 思考题

1. 回想在书籍设计课程之前学习过哪些基础设计课程，字体设计、图形设计、版面设计这些基础设计课程和书籍设计课程有什么关联？

2. 书籍设计与品牌设计、包装设计、广告设计、信息设计这些视觉传达设计课程之间有什么区别？

3. 回想看过的书中令自己印象最深刻的是哪 3 本，这 3 本书中最打动你的因素是什么？

4. 在书籍设计课程中，应采用怎样的学习方法和设计方法来完成这门课程的学习？

5. 在书籍设计课程中，你最想得到哪些课程收获？

# 第二章 书籍内容的编辑设计

书籍设计内容的编辑策划对于整本书籍的阅读质量和设计质量来说是至关重要的。从决定一本书的选题开始，就正式进入书籍设计内容的编辑策划环节。这些环节包括书籍名称、书籍各组成部分等。设计专业的学生往往会忽视内容的编辑策划环节，因为他们习惯于将精力放在对书籍的视觉思考和图像化创意上，而对于书籍的文字部分不会花费太多的时间去推敲。因为每位学生的书籍文化素养不同，所以他们在书籍设计选题及编辑策划阶段会显示出差异。党的二十大报告提出："加强基础研究，突出原创，鼓励自由探索。"教师一直对学生强调：好的编辑策划是书籍设计最有力量的起点。

## 一、书籍名称的编辑设计

首先要根据相关方法并花费时间去选定书籍的名称。给书籍取名字要依据书籍的主要内容，更要符合书籍特有的属性。书籍的名称不同于品牌作品、包装作品和展示作品的名称，书籍的名称要体现出其特有的文化属性。先列出书籍中主要内容的关键词，再将其反复排列组合作为书名，这是最简单实用的取书名的方法。无论是长书名还是短书名，都要符合一个好书名的四个标准：吸引眼球、精准抵达、说服阅读和容易传播。有的学生喜欢起双书名，那么要注意，主书名应该负责“务虚”，而副书名则负责“务实”。

吴思远同学的书籍设计作品《拾味》的主题为重拾生活中那些令人难以忘怀、难以割舍的味道。这本书的设计灵感来源于她的一段生病住院的经历。她因为肠胃不适需要住院治疗，每天都只能进食流食。在这段单调的医院生活中，她不断地回想家乡饭菜的味道，最终决定用书籍设计的形式来表达浓浓的思乡之情。整本书共分为四个章节：酸、甜、苦、辣，这是人们日常饮食的四种基本的味道，也隐喻地传达出人们在生活中因不同际遇而产生的滋味。这本书以插画为主要内容，作者为各个章节页绘制了跨页的大插图，以丰富的表现形式诠释四种味道的特点（如图 2.1、图 2.2 所示）。

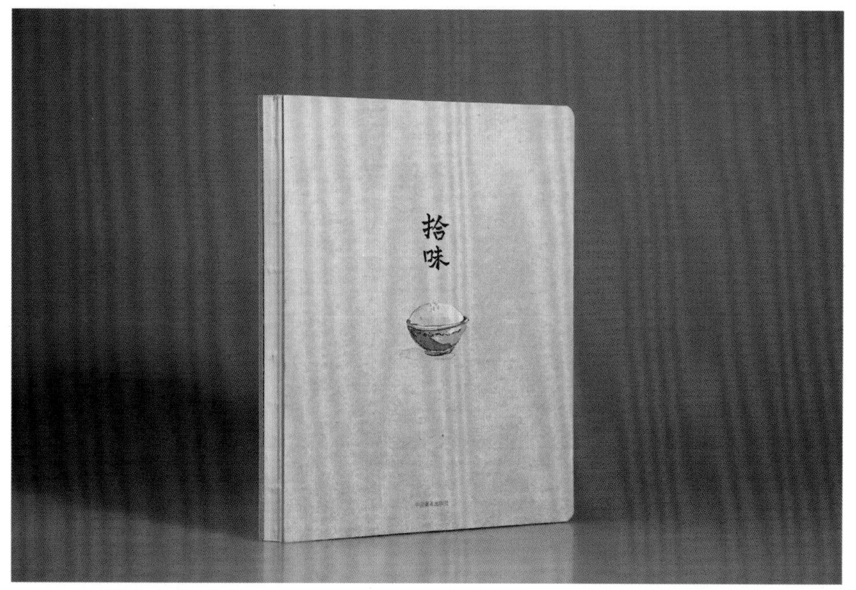

图 2.1 《拾味》整体设计 | 吴思远

图 2.2 《拾味》内页设计 | 吴思远

张媛同学和侯丁文同学合作的书籍设计作品《光现》和《星离》表现了世界范围内光污染的问题，这是环保主题类书籍中一个较好的关注点。世界范围内的光污染使各国的人都无法再用肉眼看见银河，这扇了解宇宙的窗口正逐渐对人们关闭。光污染不仅影响天文研究，而且会影响人类的健康。这两位同学按照七大洲将这两本书划分为七个章节，分别为北美洲、南美洲、南极洲、欧洲、亚洲、非洲和大洋洲。每个章节从每个大洲统计出来的 GDP 数据、人口数量及面积这三个主要方面来进行深入的比较分析（如图 2.3 至图 2.5 所示）。

姜雨岑同学平时收集了很多明信片，所以想以明信片为主题来做一本书。书籍名称备选方案都是很直白地描述“明信片”这一事物。而姜雨岑同学在收集明信片素材时发现其中有一张是来自国外的明信片，背面印制了一个很好看的小鸟图章，旁边注着三行英文，分别是“Hello!”“Hello!”“How are you?”，于是从中得到灵感，将书名确定为《你好！你好吗？》。这两个词最能体现明信片的问候功能，让人体会到明信片传达的人与人之间的温暖情感（如图 2.6、图 2.7 所示）。

图 2.3 《光现》《星离》整体设计 |
张媛、侯丁文

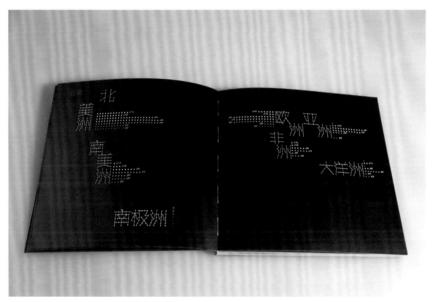


图 2.4 《光现》《星离》内页设计 1 |
张媛、侯丁文

图 2.5 《光现》《星离》内页设计 2 |
张媛、侯丁文

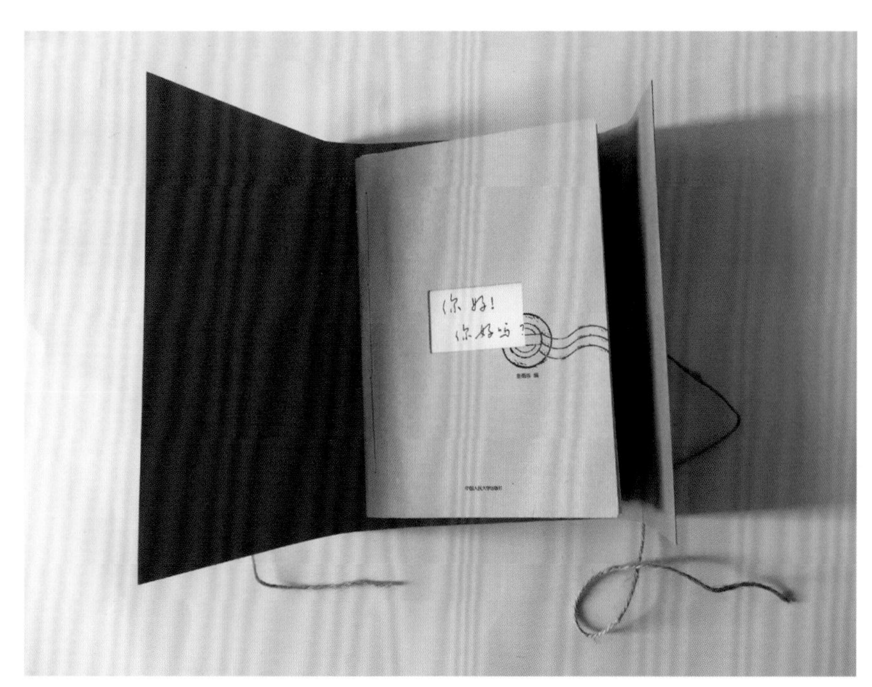

图 2.6 《你好！你好吗？》整体设计 | 姜雨岑

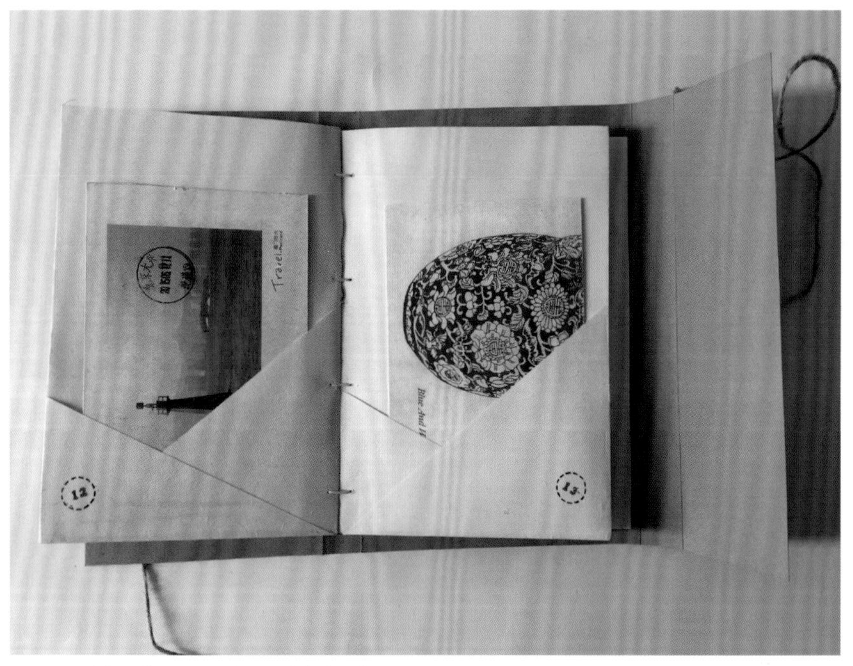

图 2.7 《你好！你好吗？》内页设计 | 姜雨岑

编辑和策划一本书的完整内容，仅考虑书名是远远不够的。很多学生在与教师商定书籍名称后，就开始思考设计创意方案、勾画设计草图。仅凭书名确定出来的书籍整体设计方案将会十分空洞，甚至可能会出现设计方向上的错误。因此，在书籍整体设计之前的编辑策划环节，学生要尽可能放平心态，具体而完整地做好涉及书籍内容的工作。在书籍设计课程中，最难的地方在于学生不仅是书籍设计者，而且是书籍内容的编撰者。很多学生没有长期、系统地学习过编辑出版相关专业的知识，所以教师更应该督促他们重视书籍内容。高质量的书籍内容是产生优秀书籍设计作品最坚实的基础。

除了书籍的名称之外，书籍的类别也十分重要。书籍因类别的不同会产生不同的书籍设计风格，并吸引不同的读者群体。虽然书籍设计课程是模拟书籍设计的过程，但是依然要解决书籍设计中可能会遇见的各种最基础的问题。书籍有很多类别，如文学、艺术、科技、教育、历史、生活、儿童等。学生在选题时经常会选择和自己专业相关的类别，如文学类和艺术类。其实选择范围可以更宽泛一点儿，这样就可以避免与往届学生的选题重复。选题范围狭窄最主要的原因是学生阅读的书籍类别少，所以不敢选择那些与自身专业关联较远的书籍。

在确定好书籍名称和书籍类别后，要着手思考书籍的主体内容。在编辑书籍内容框架的时候，要想清楚这是一本由哪些具体内容组成的书。这本书的主体内容是以图片元素呈现的，还是以文字元素呈现的。当然，用哪种元素呈现主体内容，还取决于编辑者自身有哪些方面的丰富资源可以添加到书里去。丰富的素材资源是做好书籍内容的宝贵财富。如果学生有积累素材的习惯，那么自拟书籍设计课题的时候会十分从容。而不是一到编辑书籍内容的时候，就急忙在网上搜集各类素材，网上容易找到的素材一般价值不大。书籍不同于报纸和杂志等资讯类纸质媒介，也不同于微信、微博等移动电子交互媒介，它对内容素材的质量要求很高。

书籍的主要特性是其文化属性。书籍阅读相较其他碎片式、截取式的快速阅读方式而言，需要花费一定的时间，人们通常需要反复阅读才能理解书中内容不同层次的含义。虽然当代大学生拥有丰富的素材资源，但不是随便在网上搜一搜就能编撰出一本书的。试想，如果书籍中的内容全都能从网上搜索出来的话，那么有必要浪费那么多的纸张和油墨去印刷吗？在电子书阅读这么便捷的时代，仍在做纸质书的设计者要深入地思考：耗费如此多自然资源做出的书，到底能为人们带来些什么？

对于那些自拟的书籍设计选题来说，丰富的书籍设计内容显得尤为重要。在确定好书籍名称之后，通常要为书籍具体内容的选择做一个规划。学生应根据自己能提供的高质量素材的数量来选择和确定书籍的具体内容。确定好所用素材后，可以根据素材将书籍内容分为几个大的章节或者几大块主要的内容。编辑书籍的内容和书籍的早期创意设计同样重要。在很多书籍设计课题中，编辑书籍的内容甚至比早期的创意设计更为重要。高质量的书籍内容是优秀书籍设计作品的基础；反之，如果一件书籍设计作品仅是形式优秀而内容十分空洞，那么这件书籍设计作品的生命将会是短暂的。学生往往会轻视书籍设计的内容而重视书籍设计的形式，甚至不会去考虑书籍内容之间的关联性，只是简单罗列素材。

学生除了自拟主题进行书籍设计外，还会选择一些已出版的书籍进行再设计。同一本书在不同的年代会诞生不同版本的书籍设计。不同的设计者对同一文本有不同的理解，会运用不同的设计语言重新表达其内容。丰富的版本拓宽了阅读者的选择范围，提升了书籍的收藏价值。学生在进行书籍设计的时候，经常会选择“书籍再设计”这个方向。他们选择感兴趣的文本内容进行书籍再设计，这样就不必在编撰书籍内容上花费太多时间，可以将全部精力投入书籍设计本身，充分运用设计形式展现书籍内容及其文化内涵。

刘翕然同学和高博同学合作的《中药学》和《方剂学》这一套书就是书籍再设计的案例。这是一套供中医药专业使用的全国高等中医院校规划教材，由中国中医药出版社和人民卫生出版社出版。原教材的开本为 16 开，封面设计和内页设计均采用传统的满版排满文字的填充方法。因为教材的设计方法不够现代，所以在阅读的时候容易感到疲倦和乏味。这两位同学依据原版的所有内容进行了书籍再设计，中医药教材是一个非常好的选题。教材是学生在学习时看得最多也用得最多的书籍类型，所以一部设计优良的教材会潜移默化地提升学生的学习兴趣和学习效率，更重要的是，可以引导并提升学生的审美能力（如图 2.8 至图 2.10 所示）。

图 2.8　《中药学》《方剂学》整体设计 | 刘翕然、高博

图 2.9 《中药学》《方剂学》章节页设计 | 刘龠然、高博

图 2.10 《中药学》《方剂学》版面设计 | 刘龠然、高博

图 2.11 《Tara 说：婴幼儿的性》整体设计 | 冯琪

冯琪同学选择了 Tara 为婴幼儿写的关于性常识的内容进行再设计。“性”这样较为敏感的书籍设计内容不是很好取书名，如果书籍名称过于隐晦，那么读者难以通过书名了解书籍的内容。因为 Tara 在婴幼儿性知识的传播方面有很高的知名度，所以冯琪同学决定用简洁、直接的方式来取书名，书名最终确定为《Tara 说：婴幼儿的性》。书籍名称既点明作者，又明确了书籍的主要内容（如图 2.11 至图 2.13 所示）。

【《Tara 说：婴幼儿的性》冯琪】

图 2.12 《Tara 说：婴幼儿的性》函套设计 | 冯琪

## 二、书籍各组成部分的编辑设计

本节主要介绍书籍的各组成部分及其设计，从书籍的函套、护封、腰封、封面到书籍的环衬页、扉页、版权页、目录页、正文页，再到书籍的附录页，每一个部分都十分重要。

### （一）函套设计

书籍的函套又称“书函”“书盒”“书帙”等，是包裹和保护套装书及精装书的护装物。精装书籍的书函用厚纸板做里层，外面是用布或锦等织物装裱而成的盒式外套。传统的书函大致分为两种形式：一种包裹在书的四周，即封面、封底、书口和书脊四面，露出上、下切口的两面，称为“四合套”；另一种是把书的六面全包裹起来，称为“六合套”。因为书籍主体内容的多样化和整体书籍设计风格的需要，书函的空间结构和制作书函的材料也越来越多样化。书函需要兼顾保护书籍和方便取出书籍两方面，因此很多书函在空间结构上做了精妙的设计。

图 2.13 《Tara 说：婴幼儿的性》上、下册 | 冯琪

《房间》的故事内容来源于爱

尔兰作家爱玛·多诺霍（Emma Donoghue）的同名小说，根据这部小说改编的电影于 2016 年获得奥斯卡金像奖最佳影片提名。小说讲述了一个女孩为邻居所骗，之后和她生下的孩子被囚禁在一个狭小的房间里长达七年的故事。主人公杰克出生后就没有离开过房间，他对于事物的认知与常人不一样，但他的母亲却竭力在一个极端的环境中给孩子带来快乐和希望。整本书展现了母爱的光辉。书籍设计以“一个房间”为设计表现元素，书函采用最简单的灰色纸板，并且用阳光板还原了小说中的“天窗”，简洁又朴素地传达出故事内容（如图 2.14 至图 2.17 所示）。

《看不见的城市》以“雾霾污染城市中的环境”为主题，书籍整体设计以雾霾下消失的城市为主要设计切入点，采用层层叠加的表现形式，以不同的灰色表现雾霾。书籍函套设计的灵感来源于口罩。口罩是人们在雾霾天气出行的必备品，因此将函套设计成口罩的样子，材料选择透明的亚克力板。这样的函套设计既可以让读者直观地看到封面，也更贴合书籍的主题，能对书籍起到很好的保护作用（如图 2.18 至图 2.20 所示）。

《月球下的人——关于小王子的爱与感动》的书函露出了书脊的内容信息、装订结构及书籍封面的部分设计细节（如图 2.21、图 2.22 所示）。

### （二）护封设计

护封也称为“包封”“护书纸”等，是指包裹封面和封底的另一张外封面，起到保护封面、装饰书籍及推广书籍的作用，在精装书和平装书中都有采用。它既能增强书籍设计的艺术感受，营造打开书籍之前的阅读氛围，又能使书籍免受污损。护封上需要出现的文字有书名、著（译）者名、出版社名等，也可以加上书籍主要内容概述。护封包裹住书籍的封面、书脊、封底，在两边各有一个向里折进的勒口。勒口的作用在于使书籍更加平整，还可以加上书籍内容简介和作者简介等文字。勒口的设计需要与护封的整体设计相一致，营造出护封的整体设计风格。

《烟火精灵——陕西富县薰画艺术》是一本介绍陕西省富县特有的薰画艺术的书籍，内容包括剪纸薰样、熏制过程及薰画制作。书籍的护封采用了电脑设计与手工制作相结合的剪纸纹样，以此来展现这项独特的传统技艺（如图 2.23 至图 2.25 所示）。

图 2.14 《房间》函套设计 1 | 赵发迪

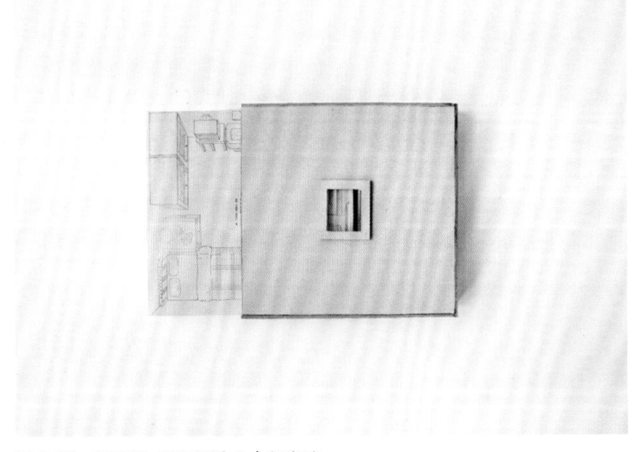

图 2.15 《房间》函套设计 2 | 赵发迪

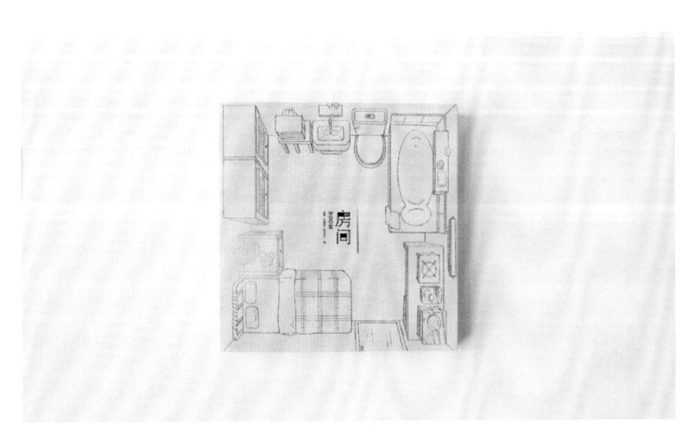


图 2.16 《房间》封面设计 | 赵发迪

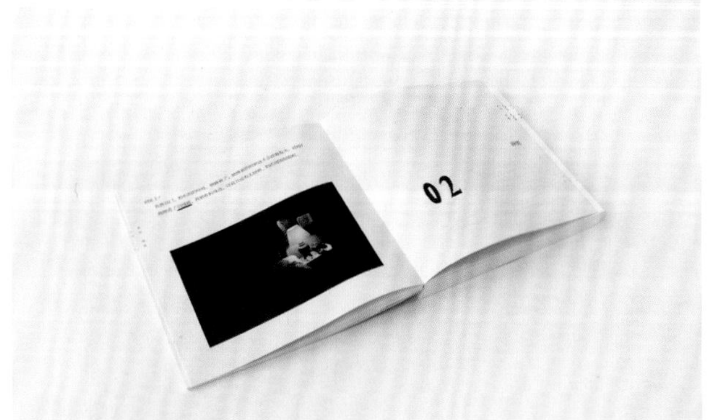


图 2.17 《房间》内页设计 | 赵发迪

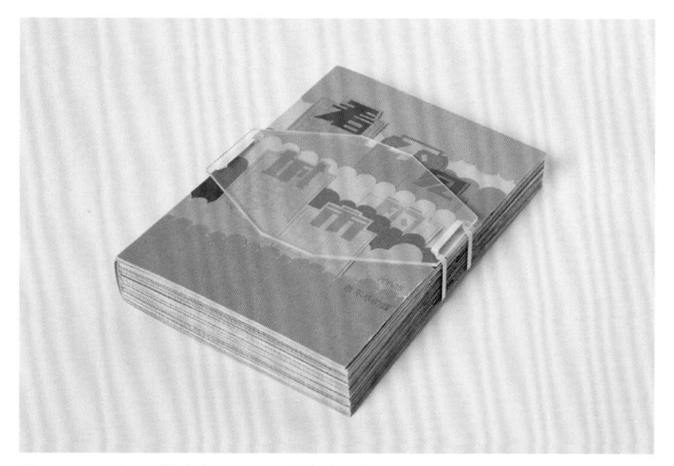

图 2.18 《看不见的城市》函套设计｜李欣怡

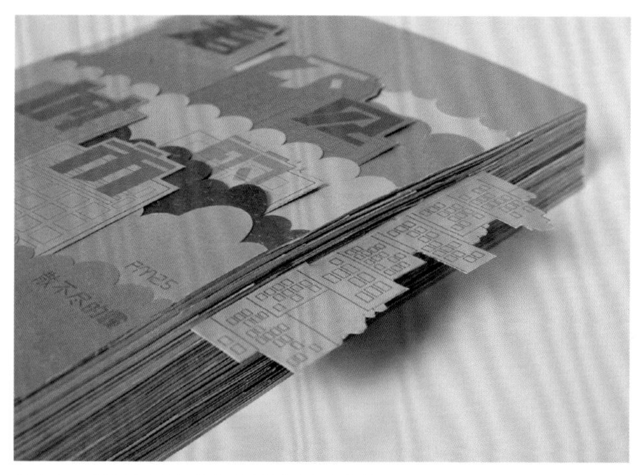

图 2.19 《看不见的城市》整体设计｜李欣怡

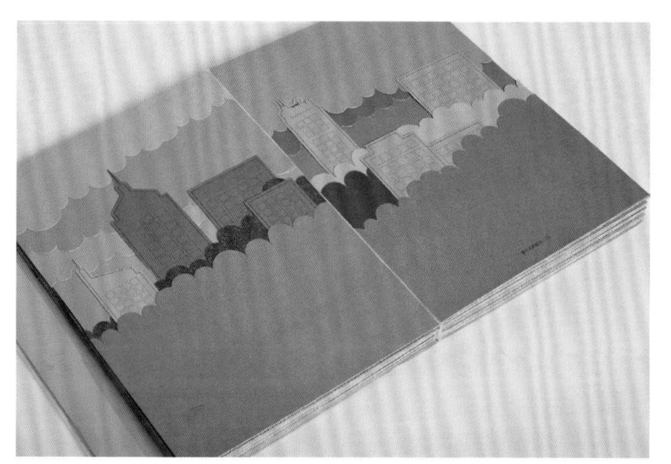

图 2.20 《看不见的城市》内页设计｜李欣怡

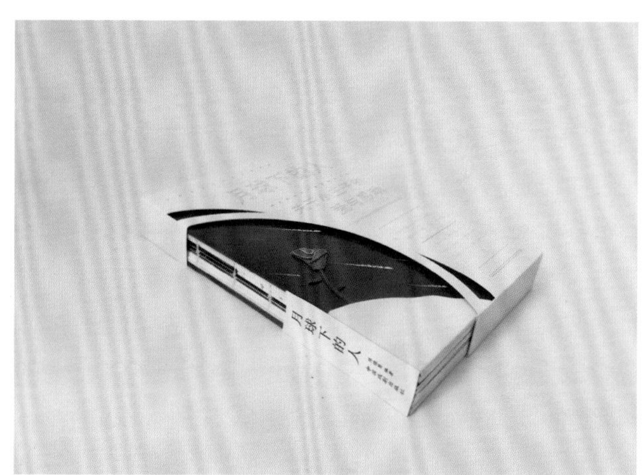


图 2.21 《月球下的人——关于小王子的爱与感动》函套设计｜陈晓慧

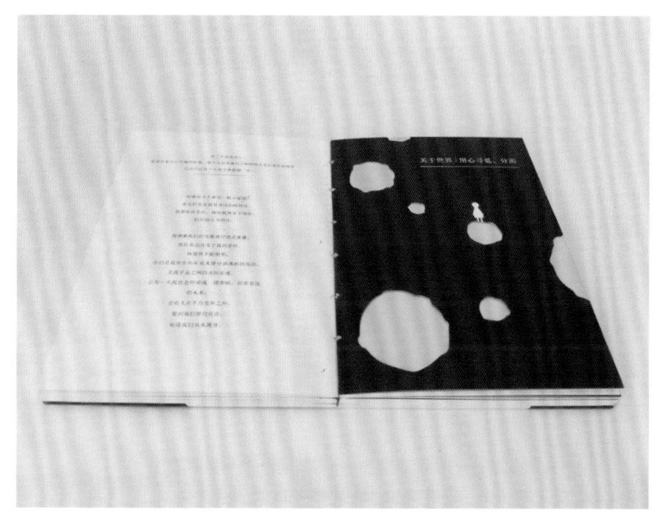

图 2.22 《月球下的人——关于小王子的爱与感动》内页设计｜陈晓慧

图 2.23 《烟火精灵——陕西富县薰画艺术》护封设计｜薛佳慧

【《烟火精灵——陕西富县薰画艺术》薛佳慧】

图 2.24 《烟火精灵——陕西富县薰画艺术》内页设计 1 | 薛佳慧

图 2.25 《烟火精灵——陕西富县薰画艺术》内页设计 2 | 薛佳慧

《走神的艺术与科学》是一本讲述脑科学的书籍，设计者调研了课堂 45 分钟内学生的注意力变化情况并绘制曲线图，发现上课 5 分钟后，学生才能进入学习状态，在第 25 分钟时走神情况最严重。设计者将 45 分钟的课堂具象化为 225 页书，用鱼群的游动曲线来体现走神的规律。设计者将 225 页的走神规律曲线图全部绘制于护封上，形成一幅整体连贯的阅读节奏缩略图。这样的护封设计既突出了书籍的整体设计概念，又让读者在阅读之前感受到书籍的整体阅读节奏（如图 2.26、图 2.27 所示）。

### （三）腰封设计

腰封也称腰带，是指环裹在一套书或者一本书上的狭长条，一般印制书籍内容简介、作者简介和推荐词等内容。腰封设计主要有三方面作用：一是向读者介绍该书的内容特色，二是宣传图书，三是增加书籍的整体设计的层次感和丰富性。总之，腰封设计的作用在于，在读者翻开书籍之前，增强他们进一步了解书籍具体内容和翻开书籍内页进行浏览的阅读意愿。腰封包括前腰封、书脊、后腰封、前勒口和后勒口，腰封的设计风格要与书籍的整体设计风格保持一致。

《杂草集》的书籍封面是用布包裹的，绣制的小草被镶嵌其中。书籍的纸质腰封提供了书名信息，腰封上的文字与封面图相呼应，营造了书籍“小清新”的设计风格（如图 2.28、图 2.29 所示）。

《水生物语》是一本关于水生动物的插画集，书籍封面选择了肌理丰富的特种纸，并以留白形式突出质感，书名、著（译）者名及插画元素都呈现在书籍的腰封上（如图 2.30、图 2.31 所示）。

《透明日记》这本书以个人隐私为主题，书中出现了 13 个不同

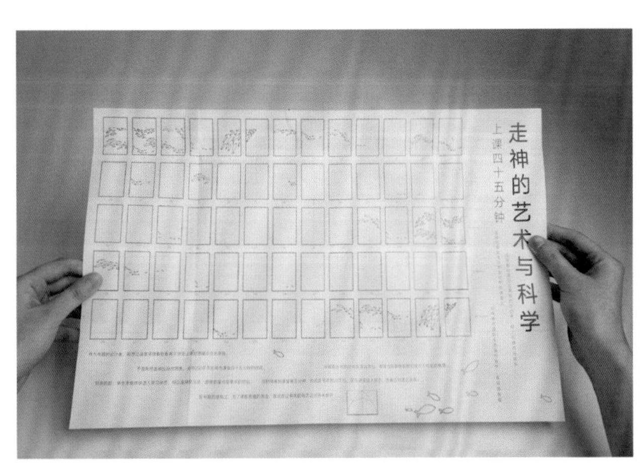


图 2.26 《走神的艺术与科学》护封设计 | 王思遥

图 2.27 《走神的艺术与科学》整体设计 | 王思遥

性别、年龄、职业的人，他们的故事都是来源于现实生活的真实故事。书籍黄色的腰封让读者意识到个人隐私的重要性，增强了读者对个人隐私的保护意识（如图 2.32、图 2.33 所示）。

张慧同学对《日用品趣话》进行书籍再设计，这是英国学者史蒂文・康纳（Steven Connor）从身边毫不起眼却又必需的购物袋、别针、手帕、纽扣等物品入手，大开脑洞创作出来的一本书。张慧同学将书籍的整体设计概念定位为“日用品小商店”，重点呈现了“购物小票”这个元素并使其贯穿全书。因为小票的尺寸和腰封的尺寸相近，所以书籍腰封的设计也采用了此元素（如图 2.34、图 2.35 所示）。

图 2.28 《杂草集》腰封设计 | 赵灿

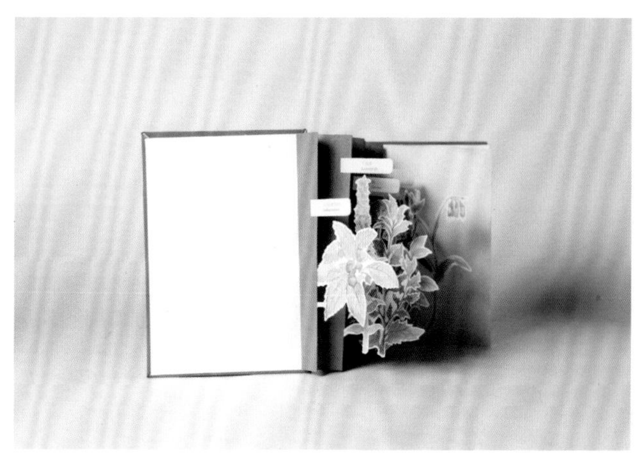

图 2.29 《杂草集》内页设计 | 赵灿

图 2.30 《水生物语》腰封设计 | 边琛雯

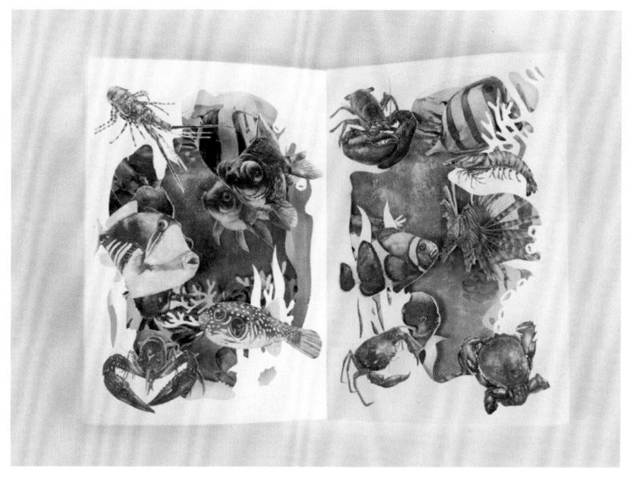

图 2.31 《水生物语》内页设计 | 边琛雯

图 2.32 《透明日记》腰封设计 | 杨俞雪

图 2.33 《透明日记》内页设计 | 杨俞雪

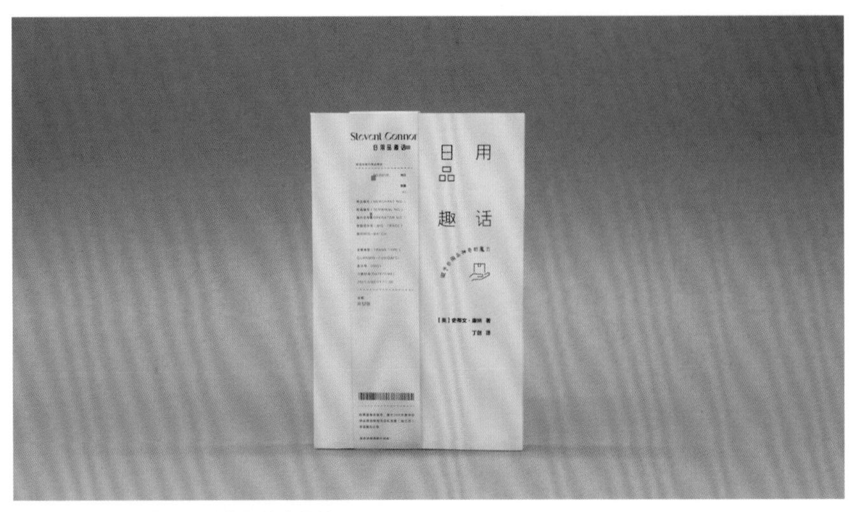


图 2.34 《日用品趣话》腰封设计 | 张慧

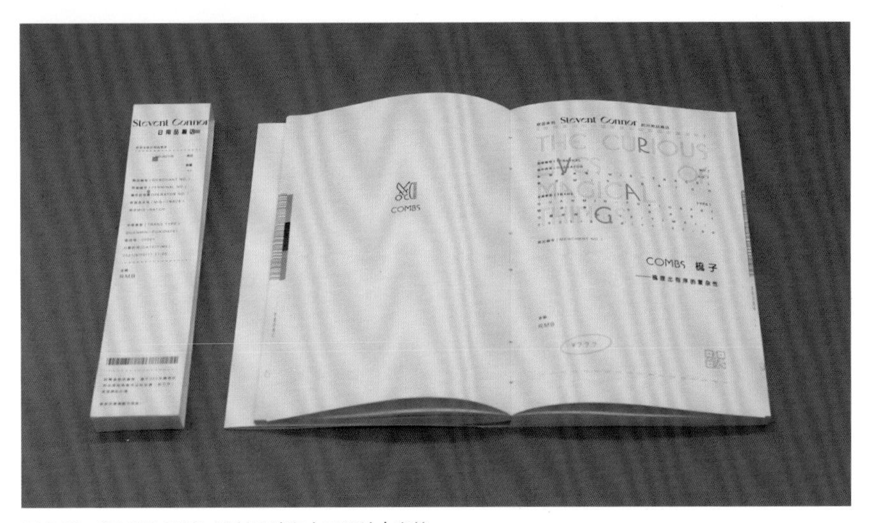


图 2.35 《日用品趣话》腰封设计和内页设计 | 张慧

### (四)封面设计

封面包括前封(封面)、书脊、后封(封底),很多平装书还会在封面加上前勒口,在封底加上后勒口。在进行书籍的封面设计时,这几个部分需要整体的设计理念和设计思考。封面设计具有保护书页、传达书籍核心内容、体现书籍文化内涵的基本功能,是书籍设计中非常重要的一个部分。

书籍的封面也称"封一",需要呈现书名、著(译)者名、出版社名,以及反映书籍核心内容的图片与文字等。书籍有各种类别,如学术书籍与教材、工具书、文学作品、艺术书籍、科技书籍、儿童与青少年读物等,不同类别的书籍因为有着不同的文本内容,所以封面设计也应营造不同的视觉阅读情境。

书籍的书脊也称背脊,是封面重要的组成部分,是被展示的时间最长、与读者见面最多的部分,但也是经常被忽略的部分。书脊上一般印有书名、册次(系列丛书中的卷、集)、著(译)者名、出版社名。书脊的设计风格应与封面的设计风格保持一致。

书籍的封底也称"封四",是书籍整体设计的最后一个部分,不容忽略。封底上一般印有内容提要、定价、条形码、书号等。有些爱书的读者在阅读一本书的时候,往往从封底往前翻着看。因此,讲究的封底设计,最能体现书籍"有始有终"的出版理念和设计思想。

《纹拾》是一本关于中国植物纹样的书籍,书籍封面的字体由设计者根据植物纹样的特点设计。字体曲线的笔形特征和书口的曲线切割体现了书籍的整体设计理念,书籍封面设计层次丰富,营造出细腻的视觉阅读情境。该书籍设计提供给读者三种不同的书籍结构及观看角度,除了平放视角,还有 180° 和 360° 的展开视角(如图 2.36 至图 2.38 所示)。

《傅雷家书》《两地书》是一套书籍再设计作品,系列作品的主题为"家书"。两本不同的家书都采用"沙漏"型书籍结构,营造出空间沙漏的阅读情境。因为傅雷的严父形象,《傅雷家书》在沙漏型结构的中间段选择了三角形的几何造型;《两地书》则在书籍中部采用曲线,使书籍整体形成沙漏造型。整套书通过不同的沙漏造型传递时间流逝的概念,表达了亲人间通过书信交流而走进彼此内心的理念(如图 2.39、图 2.40 所示)。

《物·志》是一本物种图册,将各式各样的动植物介绍给读者。书籍封面采用了中国传统墨汁染色的手工纸,显示出丰富的制造肌理,与其中镶嵌的贵州龙化石的肌理相呼应。"物·志"两个字是先在制作完烫金版后,再在封面手工纸上压印而成的。书籍封面设计统一在高雅的黑色调中,各部分又呈现出不同的质感(如图 2.41 至图 2.43 所示)。

《北京皇家园林》这本书以北京皇家园林为创作基础,书籍封面绘制了不同的园林插画。读者可以按照自己的喜好更换插画,从而使书籍封面

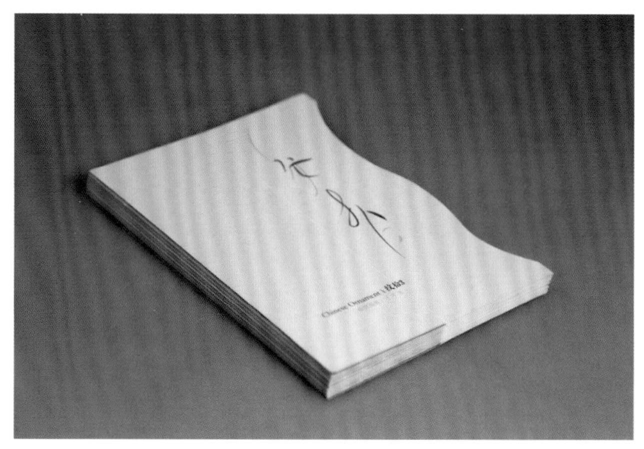

图 2.36 《纹拾》封面设计 | 王月

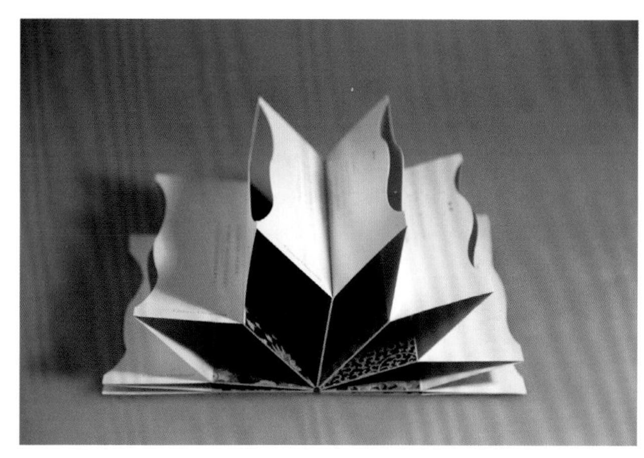

图 2.37 《纹拾》180° 翻开展示 | 王月

图 2.38 《纹拾》360° 翻开展示 | 王月

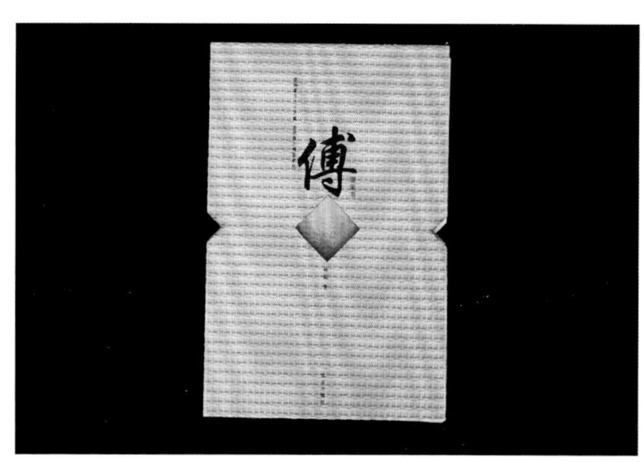

图 2.39 《傅雷家书》封面设计 | 王思洋

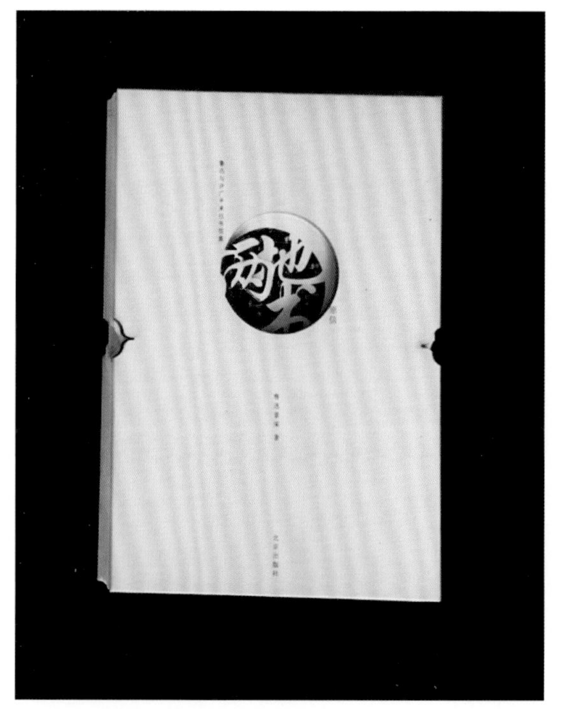

图 2.40 《两地书》封面设计 | 王思洋

图 2.41 《物・志》整体设计 | 王翊舟

【《物・志》王翊舟】

图 2.42 《物・志》封面设计 | 王翊舟

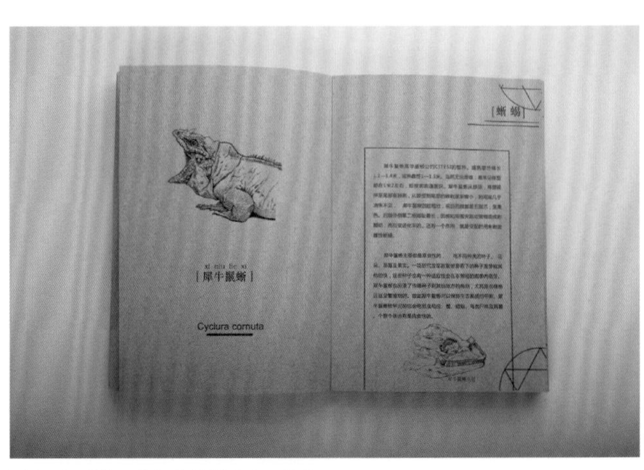

图 2.43 《物・志》内页设计 | 王翊舟

呈现出不同的视觉效果，增强了读者的互动感和体验感。书籍的整体设计体现出皇家园林独特的建筑样式、历史韵味及文化遗产价值（如图 2.44 至图 2.46 所示）。

《德米安：彷徨少年时》以德国作者赫尔曼・黑塞（Herman Hesse）的小说为基础内容，书中主人公辛克莱突破原生家庭的世界观，徘徊在光明与黑暗两个世界的边缘，不断地进行自我探索，从而在两个对立的世界中找到了自我的平衡。书籍的封面设计使用了两种互补色，将两个世界融入一张图片中，读者只有通过红蓝 PVC 软板才可以清晰地观看到两个不同世界的视觉表达。这种设计突出了书籍的主旨，增强了读者的阅读体验（如图 2.47 至图 2.49 所示）。

### （五）环衬设计

环衬是指在书芯前后各附一页纸，在封面之后、扉页之前的称为“前环衬”，在书芯之后、封底之前的称为“后环衬”。在精装书中，环衬是一张对折的衬页，是封面内侧与书芯之间不可缺少的过渡部分。精装书的环衬用纸非常讲究，需要与全书的整体设计风格相统一。平装书也会出现前环衬和后环衬，作为想象和过渡的阅读空间，使读者逐渐进入书籍的主题。

《远去的人》是中国女作家薛舒的纪实性散文，整本书籍以作者的父亲患上阿尔茨海默病及病情恶化的过程为时间线索。书籍的整体设计让读者从阅读体验上进入患者的角色，体会越来越困难的阅读，书籍的环衬设计通过被“遗忘”的字体来表现这种在短时间内轻易夺走患者全部记忆的病症（如图 2.50、图 2.51 所示）。

《凯尔经的秘密》是一本改编自同名动画片的书籍，这部动画片取材于爱尔兰基督教插图手抄本《凯尔经》，讲述了一位怀揣理想的少年克服重重困难绘制经书的故事。在环衬

图 2.44 《北京皇家园林》封面设计 1 | 刘倩言

图 2.45 《北京皇家园林》封面设计 2 | 刘倩言

图 2.46 《北京皇家园林》封面设计 3 | 刘倩言

图 2.47 《德米安：彷徨少年时》封面设计｜李雨鑫

图 2.48 《德米安：彷徨少年时》封面 PVC 板的观看｜李雨鑫

图 2.49 《德米安：彷徨少年时》内页 PVC 板的观看｜李雨鑫

图 2.50 《远去的人》整体设计｜梁紫薇

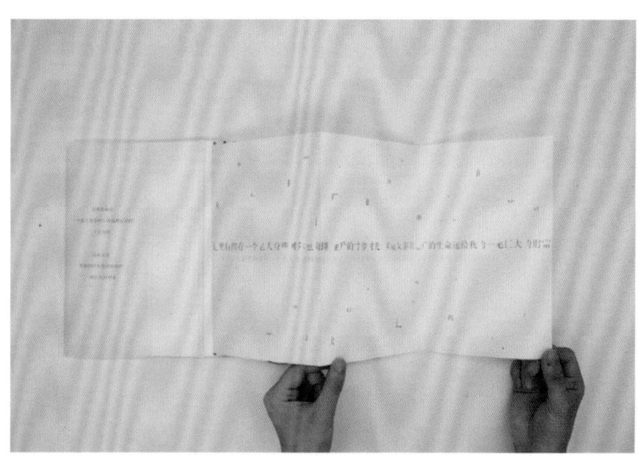

图 2.51 《远去的人》环衬设计｜梁紫薇

上，陈聆溪同学使用中英文双语介绍这本书的主要内容，使读者进入阅读前可以大致了解这本书（如图 2.52、图 2.53 所示）。

### （六）扉页设计

扉页也称为“内封”或“副封面”，位于环衬之后。扉页上一般编排有书名、著（译）者名、出版社名等，是书籍封面内容的再现。扉页是在阅读过程中从书籍封面外空间转入书籍主体内空间、开启阅读仪式感的一页。因此，扉页的功能不仅仅在于重现封面中的重要信息，更在于营造一个与书籍主体内容和书籍整体设计风格相统一的阅读情境。

《失控》是美国出版人凯文·凯利（Kevin Kelly）于 1994 年出版的一本关于机器、系统、生物和社会的巨著。作者在当时科技、社会和经济的最前沿漫游，并借此探索未来。金士博同学对这本书籍进行再设计，从书籍的装帧、封面、版式、字体等各个方面展现“失控”。设计者结合使用 3D 打印技术和激光雕刻技术，赋予书籍独特的形态。书籍扉页设计中突出了书名、著（译）者名、出版社名等文字信息（如图 2.54、图 2.55 所示）。

《宫匠》是关于日本动画导演宫崎峻的一本书籍，谢慧同学精心筛选了宫崎骏动画电影的手稿，并将其以书籍的形式呈现。她也对书籍封面的文字进行设计，使其呈现出与手稿一致的视觉效果。整本书通过“手稿”这一设计概念来体现宫崎峻动画电影中引人注目的艺术表现。书籍扉页继续呈现和书籍封面一致的设计内容，但因纸张材质不同，又传达出丰富而细微的设计变化（如图 2.56、图 2.57 所示）。

《二十一条围巾》讲述了孟繁钰同学的母亲每年都会为她织一条围巾的故事，从中可以感受到，每一条围巾都是母亲精心编织的母爱和关怀。书籍封面和书籍扉页都突出了“编织的围巾”和“环绕的爱心”两种元素（如图 2.58、图 2.59 所示）。

【《凯尔经的秘密》陈聆溪】

【《失控》金士博】

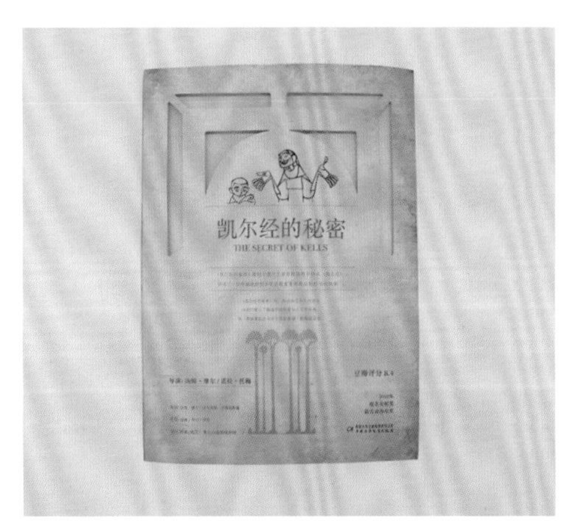


图 2.52 《凯尔经的秘密》封面设计 | 陈聆溪

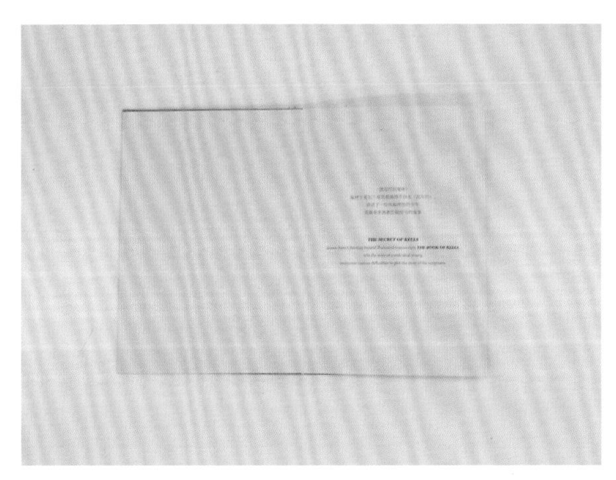

图 2.53 《凯尔经的秘密》环衬设计 | 陈聆溪

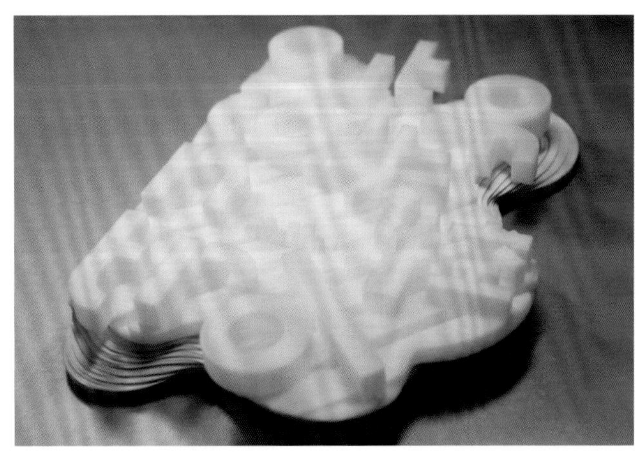

图 2.54 《失控》整体设计 | 金士博

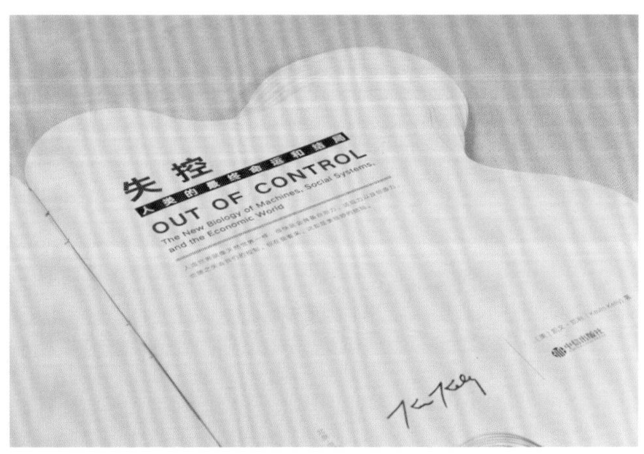


图 2.55 《失控》扉页设计 | 金士博

图 2.56 《宫匠》封面设计 | 谢慧

图 2.57 《宫匠》扉页设计 | 谢慧

图 2.58 《二十一条围巾》封面设计 | 孟繁钰

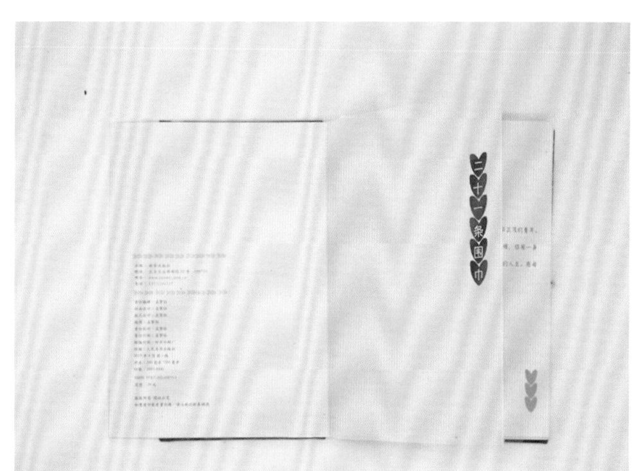


图 2.59 《二十一条围巾》扉页设计 | 孟繁钰

### （七）版权页设计

版权页也称在版编目（CIP）数据页，通常位于扉页的后一页或后环衬的前一页，记录图书在版编目（CIP）数据、书名、著（译）者名、责任编辑、责任校对、装帧设计、制版、责任印刷、印刷单位、发行单位、版次、印次、开本、印张、字数、书号、定价等。版权页作为正式出版物诞生的历史性纪录，是了解一本书籍的编辑与设计、出版与印刷等环节最详细、最具体的信息参照。

《月球下的人》是一本《小王子》的书评，书中收集整理了 30 篇长短不一的书评。虽然书籍设计的课程作业是模拟课题，但为了表现书籍的完整性，陈晓慧同学也编辑设计了版权页中的著（译）者名、开本、印张、字数、印次和定价等重要的信息（如图 2.60 所示）。

### （八）目录页设计

目录页一般放在扉页或前言页的后面，它展现了书籍整体的框架结构和内容层次。目录页最重要的功能是索引书籍的内容，需要清晰地呈现各章节对应的页码。作为书籍的重要组成部分，目录页的设计要与书籍的整体设计在视觉风格上相统一，并在结构上起到承先启后的作用。

金士博同学选择《失控》进行书籍再设计，书籍的整体设计概念为“有秩序的失控”。页面形态从第一页到最后一页不断变化，连在一起就变成了“秩序”，而单独来看，每个页面又都是“失控”的。书籍目录页的版式设计也体现出书籍的整体设计概念（如图 2.61 所示）。

《电影中的中国故事》是一本介绍“中国导演镜头下的中国故事”的书。从书籍的目录页可以看出，该书将电影分为 3 种类型：历史片、爱情片和剧情片。目录页的版式设计突出了电影胶片这一元素，胶片图形化的设计语言与目录中的文字相呼应，带

图 2.60 《月球下的人》版权页设计 | 陈晓慧

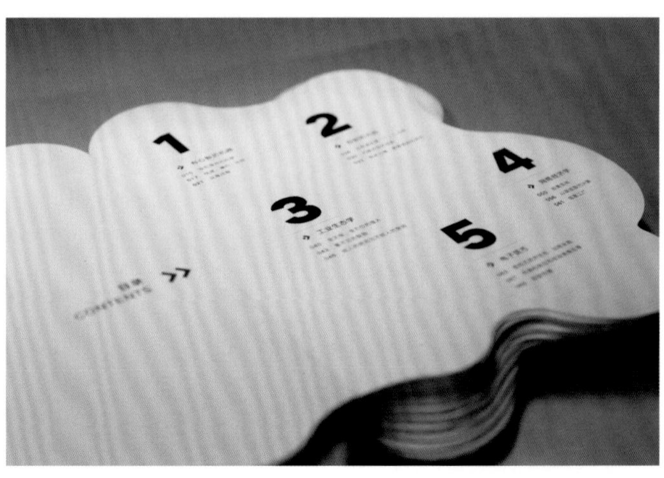


图 2.61 《失控》目录页设计 | 金士博

给读者如观影一般、身临其境的阅读体验(如图 2.62 所示)。

汤雅玲同学设计的书籍《姑苏情韵》选取文伯仁的《姑苏十景册》、吴冠中的《苏州园林》等画作表现姑苏城的风情和意韵。书籍目录页以竖排的排版方式呈现书籍的主要内容,体现出全书雅致而清秀的设计风格(如图 2.63、图 2.64 所示)。

张慧同学对《日用品趣话》进行书籍再设计,在目录页设计中沿用“购物小票”的整体设计概念,将购物小票中的设计元素和日用品名称结合,提升了目录页版式设计的丰富性(如图 2.65 所示)。

## (九)正文页设计

书籍的正文部分是书籍内容的主体,也是书籍设计的重要组成部分。正文页一般位于目录页或序言页之后、附录页或版权页之前,包含书籍全部正文内容。正文页的设计应体现出书籍的整体设计风格,也应营造出与书籍封面设计相统一的书籍阅读情境。书籍的正文页设计,首先要强调书籍内容的可读性,在形式上方便读者阅读;其次,要营造出书籍的整体阅读情境,激发读者的阅读兴趣。

《谎言》是一本探索谎言的书籍,书中并没有讲述如何撒谎,而是希望大家看到人物谎言背后的心理活动,他们或因为害怕而说谎,或因为善意而说谎。正文的版面通过对谎言文字内容的拆分及重叠的设计手法,让阅读者拥有貌似一样实则完全不同的阅读体验,呈现人们在谎言面前的真实感受(如图 2.66、图 2.67 所示)。

《水生物语》正文页将设计者的手绘插图和对应的说明文字放置在一个页面中,插图绘制细腻、层次丰富,版面中的文字也清晰易读(如图 2.68 至图 2.70 所示)。

《植物的前世今生》是一本科普植物学知识的书籍。正文的左页主要是详细的文字介绍内容,右页是设计者设计的主题字体和手绘的插图,与左页相搭配,营造出清新雅致的版面设计风格(如图 2.71、图 2.72 所示)。

图 2.62 《电影中的中国故事》目录页设计 | 郑梓辰

图 2.63 《姑苏情韵》封面设计 | 汤雅玲

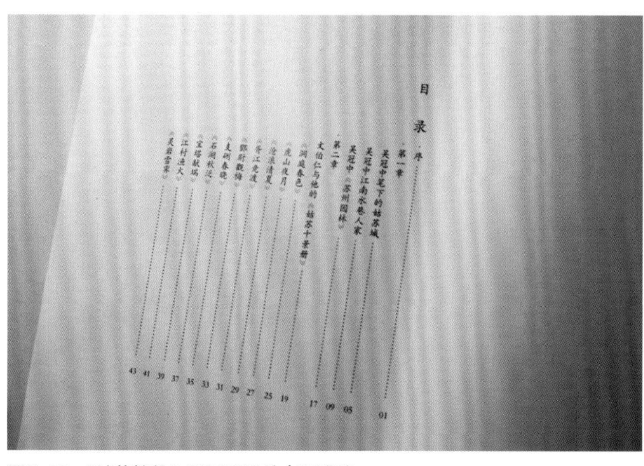


图 2.64 《姑苏情韵》目录页设计 | 汤雅玲

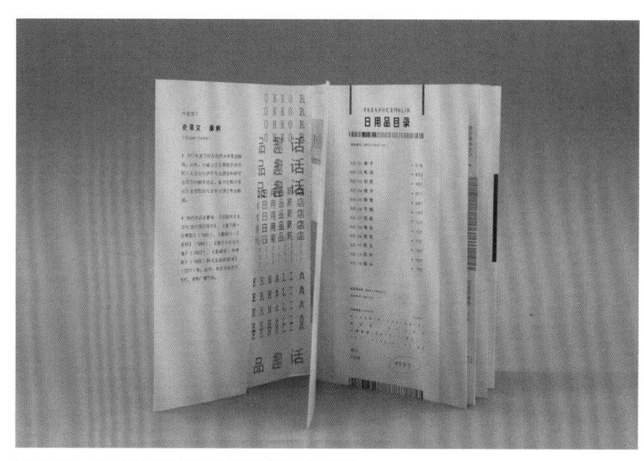


图 2.65 《日用品趣话》目录页设计 | 张慧

图 2.66 《谎言》正文页设计 1 | 张广辛

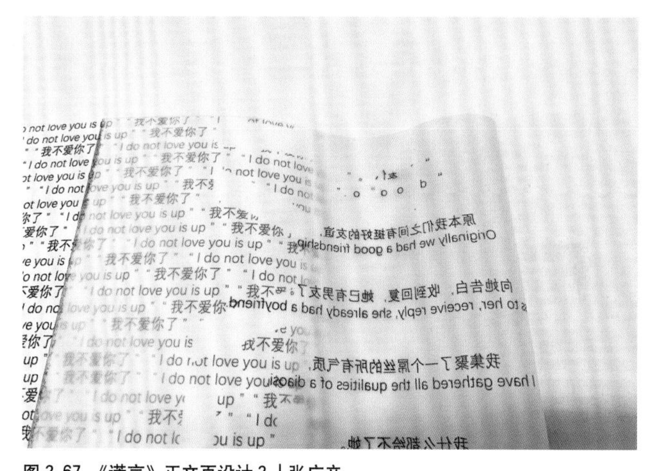


图 2.67 《谎言》正文页设计 2 | 张广辛

图 2.68 《水生物语》正文页设计 1 | 边琛雯

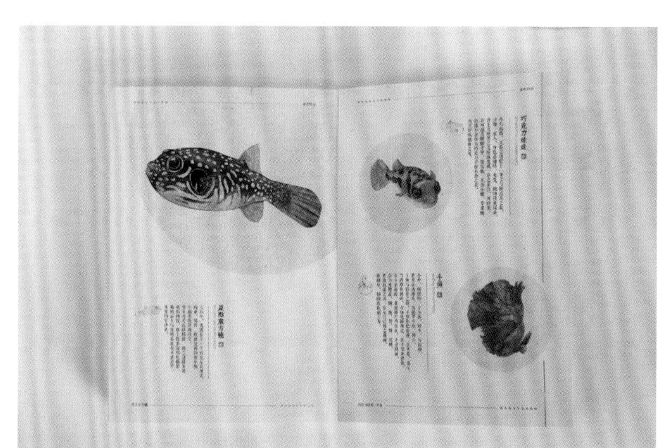

图 2.69 《水生物语》正文页设计 2 | 边琛雯

图 2.70 《水生物语》正文页设计 3 | 边琛雯

图 2.71 《植物的前世今生》内页设计 | 李佳穗

图 2.72 《植物的前世今生》正文页设计 | 李佳穗

张慧同学对《日用品趣话》进行书籍再设计，在正文章节页设计中提取购物小票锯齿状图形元素，与各章节图形化的日用品相结合，再添加纯文字内容，为读者提供了丰富的阅读体验（如图 2.73 至图 2.75 所示）。

陈嘉欣同学选择《纸牌的秘密》做书籍再设计，该书是挪威作家乔斯坦·贾德（Jostein Gaarder）创作的小说。整部小说讲述了父子二人穿越欧洲去寻找多年前离家出走的母亲的故事。书籍的整体设计以扑克牌为主要形式，梅花、黑桃、方块、红桃等都作为图形元素出现在以文字为主的页面中。在以插画为主的页面中，陈嘉欣同学绘制了两个在一堆扑克牌中打着手电筒的侏儒，契合了这本书的哲学主旨（如图 2.76 至图 2.78 所示）。

韩笑同学的《花信风》书籍再设计作品，灵感来自古人对二十四番花信风的记载：花信风，即随着花期吹来的风。韩笑同学挑选制作了小寒、大寒两个节气的花信风。一个节气分为三候，每一候有一种对应的花开放。设计者为每一风候选择了一首对应的古诗，书籍内页设计采用立体结构来展示诗句中的画面，使读者仿佛置身于不同节气的岁序更替中（如图 2.79 至图 2.82 所示）。

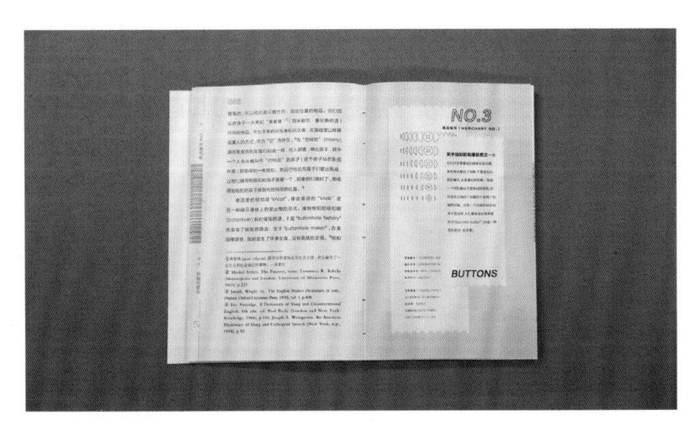


图 2.73 《日用品趣话》正文章节页设计 1 | 张慧

图 2.74 《日用品趣话》正文章节页设计 2 | 张慧

图 2.75 《日用品趣话》正文章节页设计 3 | 张慧

图 2.76 《纸牌的秘密》整体设计 | 陈嘉欣

图 2.77 《纸牌的秘密》文字版内页设计 | 陈嘉欣

图 2.78 《纸牌的秘密》插画版内页设计 | 陈嘉欣

图 2.79 《花信风》整体设计 | 韩笑

图 2.80 《花信风》内页设计 1 | 韩笑

图 2.81 《花信风》内页设计 2 | 韩笑

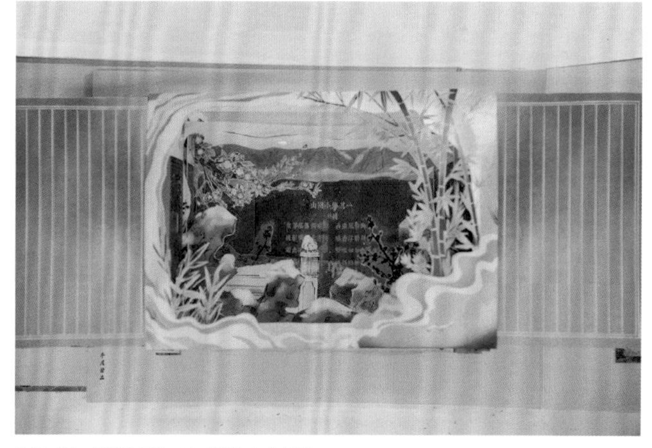

图 2.82 《花信风》内页设计 3 | 韩笑

### （十）附录页设计

附录页位于正文页之后，有助于读者进一步理解书籍主体内容。附录页中的内容包括年代表、尾注、参考文献、索引等。附录页中的延展内容能够将书籍的知识内容置于整体知识框架之中，为读者获取关联知识和深入研究书籍主体内容带来帮助。

赵灿同学的《杂草集》是草类植物科普书的再设计，书籍的附录页收录了不同草类植物的手绘插图。书籍中每一种草类植物的插图都与其英文名称一一对应，为读者提供了清晰而详细的科普性知识内容（如图 2.83、图 2.84 所示）。

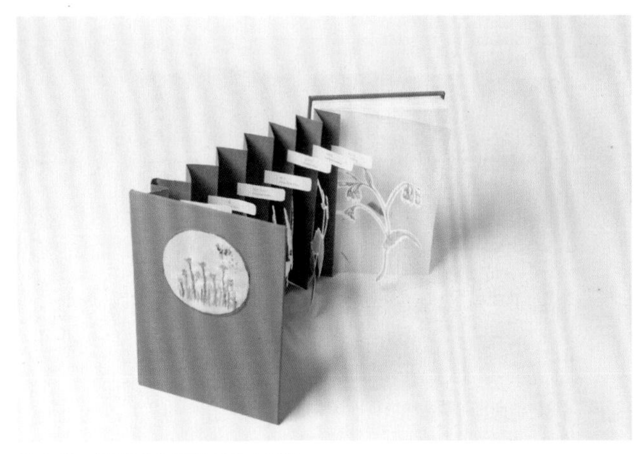

图 2.83 《杂草集》整体设计 | 赵灿

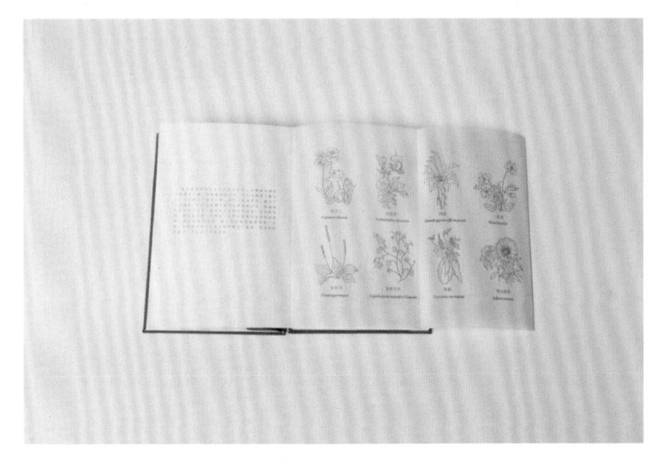

图 2.84 《杂草集》附录页设计 | 赵灿

## 思考题

1. 如何开始一本书的编辑设计？
2. 好的书籍名称会对书籍设计起到哪些重要的作用？
3. 怎样给自拟选题的书籍起一个好的书名？
4. 一本书籍由哪些部分组成？
5. 书籍各组成部分的顺序可以随意调换吗？
6. 书籍各组成部分可以随意删减吗？
7. 书籍每一部分的文本内容和书籍整体编辑设计之间有怎样的关联？
8. 如果你是编辑，会如何看待已有的书籍编辑设计？
9. 如果你是读者，会对已有的书籍编辑设计产生浓厚的阅读兴趣吗？
10. 什么样的书籍才能称作一本完整的书籍？

# 第三章 书籍设计的装帧形态

书籍设计的装帧形态是非常重要的书籍空间结构，丰富多样的书籍空间结构建构出书籍的三度空间。读者阅读的过程是书籍所有连续页面的动态呈现，而不是多个单独页面的叠加。因此，书籍设计的装帧不是在选择平装或精装后将多张零页简单地装订在一起就完成了，而是要从书籍整体到书籍局部，从书籍前后页的衔接转折到书籍三度空间中各个角度的衔接转折，来整体营造书籍的动态三维空间。不同的书籍设计装帧形态营造出不同的书籍阅读情境，也承载着不同的书籍素材内容想要传递给读者的不同的书籍阅读文化。

## 一、书籍设计装帧形态的形成

中国书籍装帧结构包括简策、木牍、帛书、卷轴装、旋风装、梵夹装、经折装、蝴蝶装、包背装和线装这几大类。这些装帧结构承载着如奏折、典籍、书画等文献内容，因著书、读书、运书、藏书等环节的需要，再加上印刷书籍纸张的改良及印刷技术的发展，不同历史时期的书籍设计呈现出不同的装帧形态。党的二十大报告提出："中华优秀传统文化源远流长、博大精深，是中华文明的智慧结晶……"学习中国传统书籍设计装帧是为了传承与创新独特的东方书籍文化，也是为了发展中国书籍设计艺术。

### （一）简策

简策始现于公元前 10 世纪的周朝，盛行于秦汉时期，是一种记载文字的竹木材料。单一的竹片称为"简"，一根"简"就是现代书的一"页"。两根以上的"简"编连起来称为"册"或者"策"。人们按照从右至左、从上至下的顺序在竹片上书写完之后，在竹片上下端各穿一孔，再用丝绳或皮绳将其编在一起，就成了简策（如图 3.1 所示）。从简策开始，中国的书籍有了最初的装帧形态，这对中国书籍装帧艺术的发展产生了极为重要和深远的影响。现代书籍中沿用的书籍名词概念、书籍习惯用语、书写方法等，都可追溯至此。

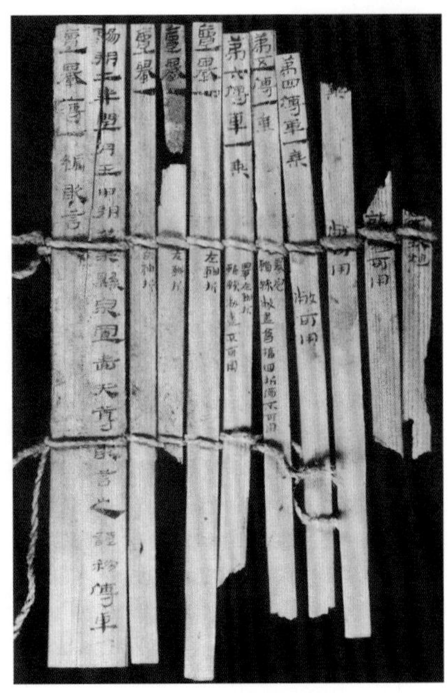

图 3.1　甘肃敦煌地区出土的西汉简策

### （二）木牍

木牍由长方形的木板制成，常用于记载公文（如图 3.2 所示）。一块木板称为"版"，写了字的木板称为"牍"，一尺见方的牍称为"方"。除记载公文外，木牍还被用作启蒙教学和练字，使用木牍时可将其立于桌上，非常方便幼儿学习。

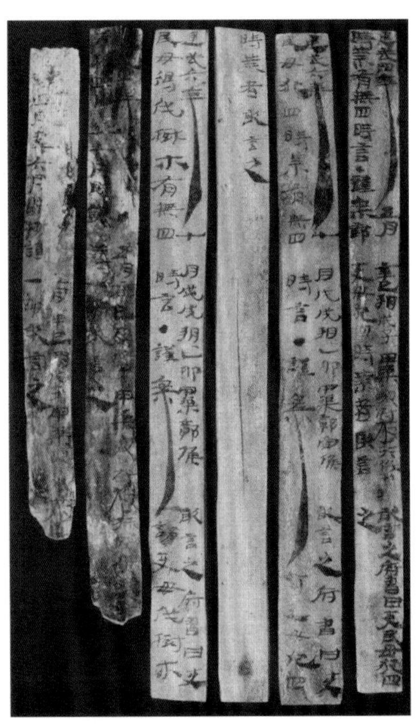

图 3.2　居延遗址出土的东汉木牍

### （三）帛书

帛是帛、素、缯、缣等丝织品的总称。帛在书写、携带、保藏和舒卷阅读等方面的便利性都优于竹木，但它的价格昂贵，往往只用于珍贵典籍和经典书画等（如图 3.3 所示）。《汉书·食货志》记载："布帛广二尺二寸为幅，长四丈为匹。"帛可依据书画或者文章的长度任意剪裁，因此缣帛很适合绘画。帛书可以卷起来存放，类似于后来的卷轴装书，帛书是卷轴装书的最初形态。为了保存，人们将很薄的缣帛装入方形盒中，用时再取出。这是历史上首次将书装入盒中，这样的盒子就是函套书箱的雏形。

图 3.3　马王堆汉墓出土的帛书

### （四）卷轴装

卷轴装始于汉代，主要盛行于魏晋南北朝至隋唐时期。东汉时期，蔡伦对纸的改造使得纸的质量有了很大提高，并开始用于书写。卷轴装以纸或缣帛为主要材料，分为 4 个主要部分：卷、轴、褾和带，以及 2 个次要部分：签、帙（如图 3.4 所示）。"卷"是书的主体，由帛或纸制成，自左向右卷成一卷，由于能反复舒卷，所以称为"卷"；"轴"由木轴等材料制成，两端镶以各种材质的轴头，以此为轴心旋转，方便收拢和舒展；"褾"用于保护书籍，避免其破裂，常在卷首留下一段空白，或者粘上一段无字的纸，也称为“包首”；“带”用于缚扎，常为丝质，且颜色各异；“签”是在轴头挂一牍子，表明书名、卷次等；“帙”是指布或布套，用来包裹卷轴，以方便收纳和携带。包起来的一套卷轴，称为一帙。卷轴装书有两种版本形式，一种是手抄本，手抄本的卷轴装书从东汉一直延续到北宋初年。卷轴装书比简策、帛书的结构复杂得多，出现了卷首的空白纸、抄书人、校正人、抄写年月等（如图 3.5 至图 3.10 所示）。这些内容的出现，使得书籍的内容和结构更加丰富。另一种是雕版印刷本，雕版印刷本是雕版术发明之后的印本书。

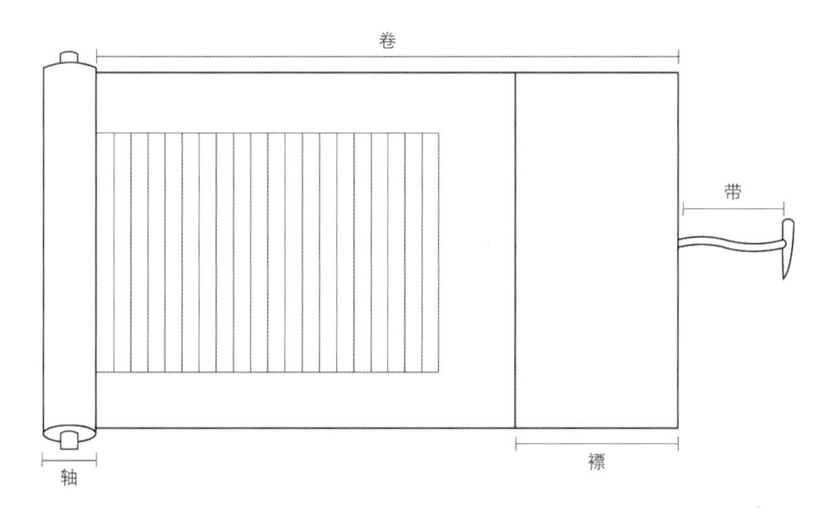


图 3.4　卷轴装示意图

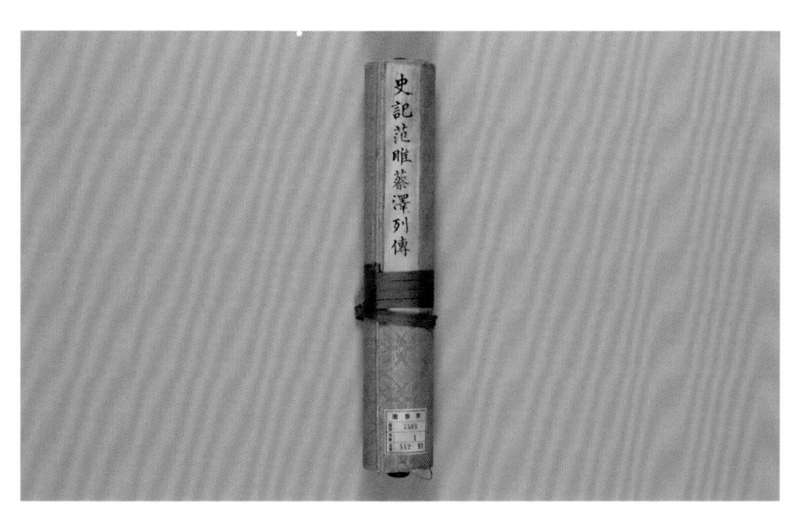


图 3.5 《史记・范睢蔡泽列传》卷轴

图 3.6 《史记・范睢蔡泽列传》内页 1

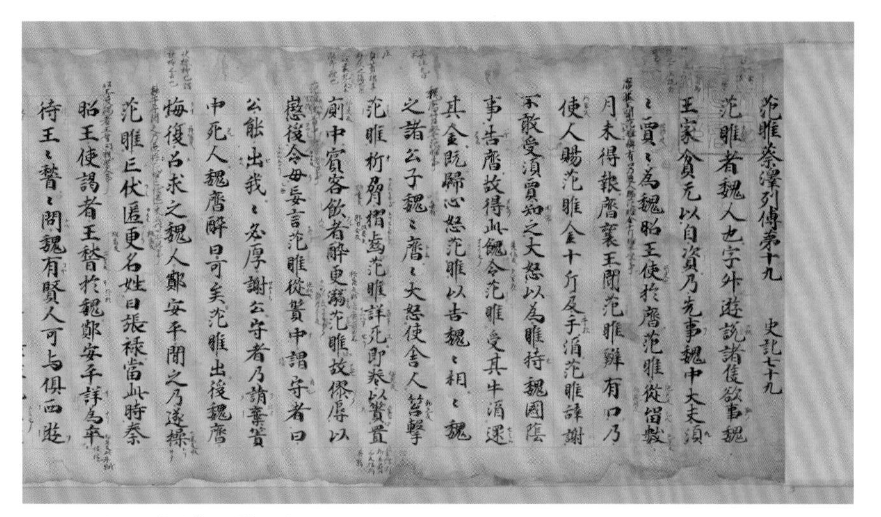

范雎蔡澤列傳第十九 史記七十九
范雎者魏人也字叔遊說諸侯欲事魏
王家貧無以自資乃先事魏中大夫須
賈々々爲魏昭王使於齊范雎從留數
月未得報齊襄王聞范雎辯有口乃
使人賜范雎金十斤及牛酒范雎辭謝
不敢受須賈知之大怒以爲雎持魏國陰
事告齊故得此餽令范雎受其牛酒還
其金既歸心怒范雎以告魏々相々魏
之諸公子魏々齊々大怒使舍人笞擊
范雎折脅摺齒范雎詳死即卷以簀置
廁中賓客飲者醉更溺范雎故僇辱以
懲後令毋妄言范雎從簀中謂守者曰
公能出我々必厚謝公守者乃請棄簀
中死人魏齊醉曰可矣范雎出後魏齊
悔復召求之魏人鄭安平聞之乃遂操
范雎亡伏匿更名姓曰張祿當此時秦
昭王使謁者王稽於魏鄭安平詐爲卒
侍王々稽々問魏有賢人可與俱西遊

图 3.7 《史记・范雎蔡泽列传》内页 2

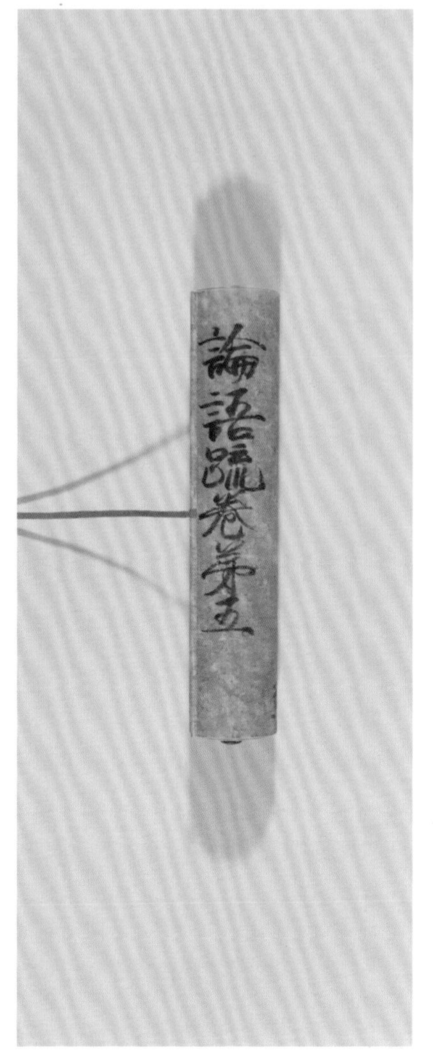


图 3.8 《论语疏》卷轴

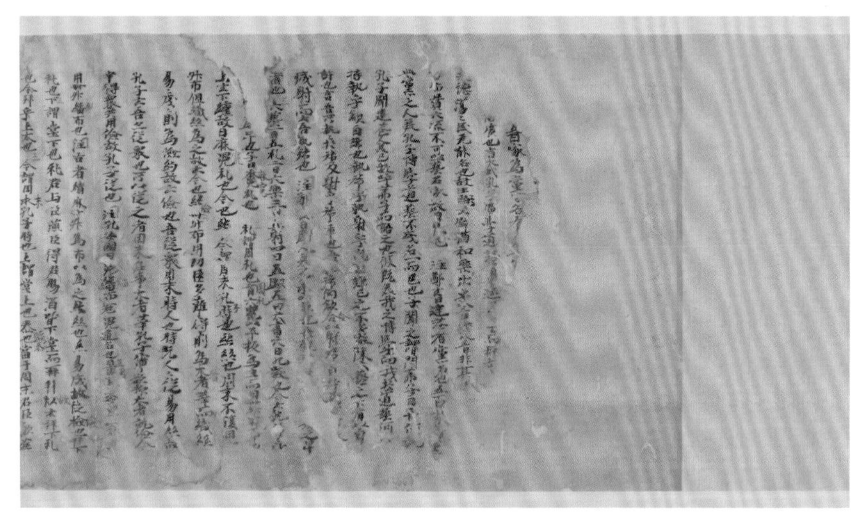

图 3.9 《论语疏》内页 1

图 3.10 《论语疏》内页 2

### （五）旋风装

旋风装出现于唐中期，一直沿用至北宋。旋风装是在卷轴装的底纸上，把写好的单面书页，按照内容的顺序自右向左先后错落叠粘。因其舒卷时犹如旋风，所以被称为旋风装（如图 3.11 所示）；又因其展开后形似龙鳞，所以也被称为龙鳞装（如图 3.12 所示）。旋风装既保留了卷轴装的外形，又方便翻页，是从卷轴装过渡到册页装的一个重要阶段。旋风装中页子的出现对册页书的出现具有重要的意义。

旋风装的书籍结构呈现出丰富的层次，能够同时展示多个页面，也十分契合中国人喜爱的长卷阅读方式。因此，在如今的书籍设计中仍然可以见到旋风装结构。与传统单一的旋风装结构不同，现行的旋风装结构是书籍整体设计的一部分，常常与其他书籍装帧方式结合使用。新的书籍结构相对传统旋风装结构更加灵活，避免了传统旋风装冗长卷底全部展开的问题。

陈绮清同学选择了陆游的边塞诗词作为书籍主要内容，取书名为《征夫无泪》。陆游是中国古代南宋时期的一位爱国诗人，他的爱国诗词传递出振奋人心的力量。书籍采用旋风装和线装相结合的装帧方式，“旋风”部分展示粗犷豪放的诗词，被挡住的部分是风格温和一点儿的注解和赏析，也是一位“征夫”的内心独白。这样的装帧方式暗示“征夫”外表刚硬，虽然无泪，但内心柔软（如图 3.13、图 3.14 所示）。

曹晰婷同学选择“茶”作为书籍主题，《一页茶》中收录了多种中国经典名茶的解析。书籍装帧设计将旋风装和包背装结合，从旋风装错落的结构中，可以看到每一种茶的名称，有绿茶、黑茶、红茶、黄茶和白茶五大类。而从包背装展开的“M 形折”结构中，可以看到每一种茶的详细介绍。《一页茶》的装帧设计与传统旋风装结构不同，它的旋风装结构仍是书籍整体设计的一部分（如图 3.15、图 3.16 所示）。

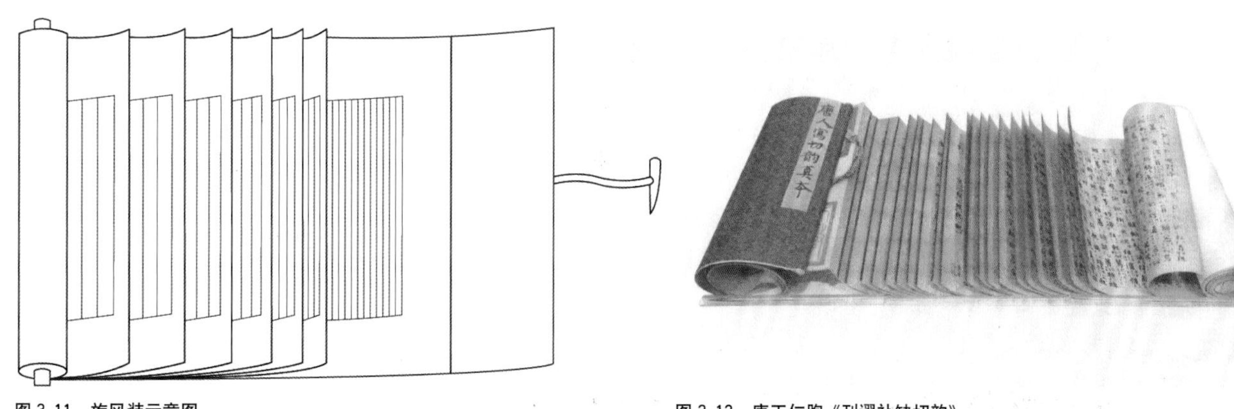

图 3.11　旋风装示意图

图 3.12　唐王仁煦《刊谬补缺切韵》

图 3.13　《征夫无泪》旋风装结构展示 | 陈绮清

图 3.14　《征夫无泪》整体设计 | 陈绮清

【《征夫无泪》陈绮清】

郝姚姚同学选择“永乐宫壁画”作为书籍主题，书籍封面采用激光雕刻的窗格形荷兰板，以旋风装结构呈现壁画的全景，将文字的阅读和壁画的赏析紧密地结合在一起（如图 3.17、图 3.18 所示）。

夏若雯同学选择“终言录”作为书籍主题，书中搜集了 49 句遗言，以濒临死亡的视角窥视人性。书籍采用的是旋风装结构，展开的长卷代表人们漫长的一生。旋风装结构可以更直观地表达“众生平等”的概念。人的一生只有两个时间点在“生命”这个概念下是平等的，一是诞生，二是死亡。白色的书页侧边在设计上去除了已故之人的姓名，保留其身份，体现了“人生前的身份地位可能不同，但死后只留遗言，没有姓名”的概念。将书籍竖向摆放，恰好像一块墓碑，契合了书籍的主题（如图 3.19 至图 3.21 所示）。

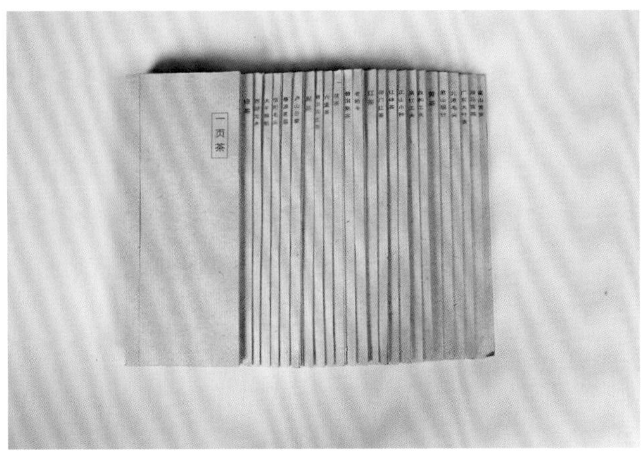


图 3.15 《一页茶》旋风装结构展示 | 曹晰婷

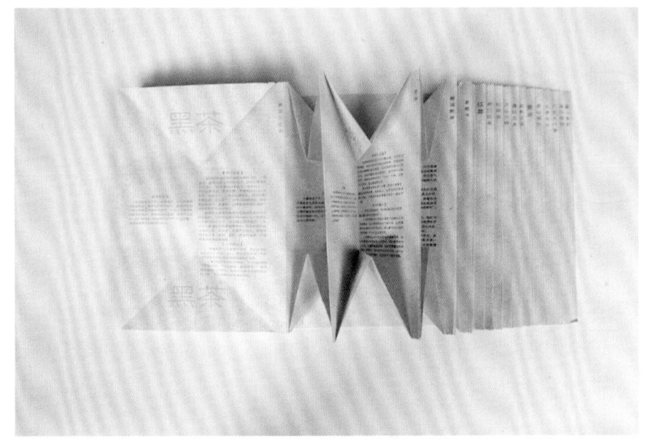

图 3.16 《一页茶》内页设计 | 曹晰婷

【《永乐宫壁画》郝姚姚】

图 3.17 《永乐宫壁画》整体设计 | 郝姚姚

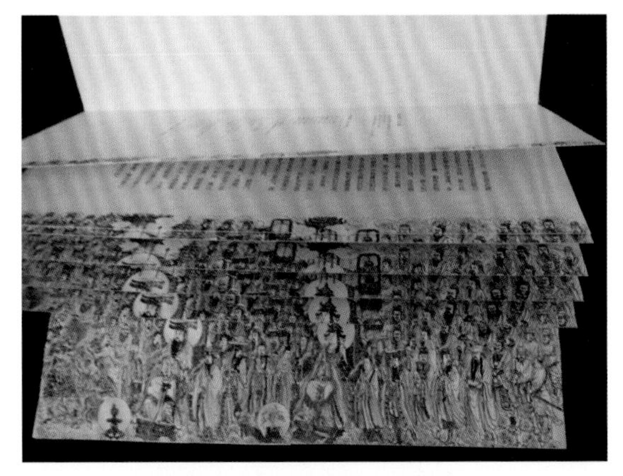

图 3.18 《永乐宫壁画》施风装结构展示 | 郝姚姚

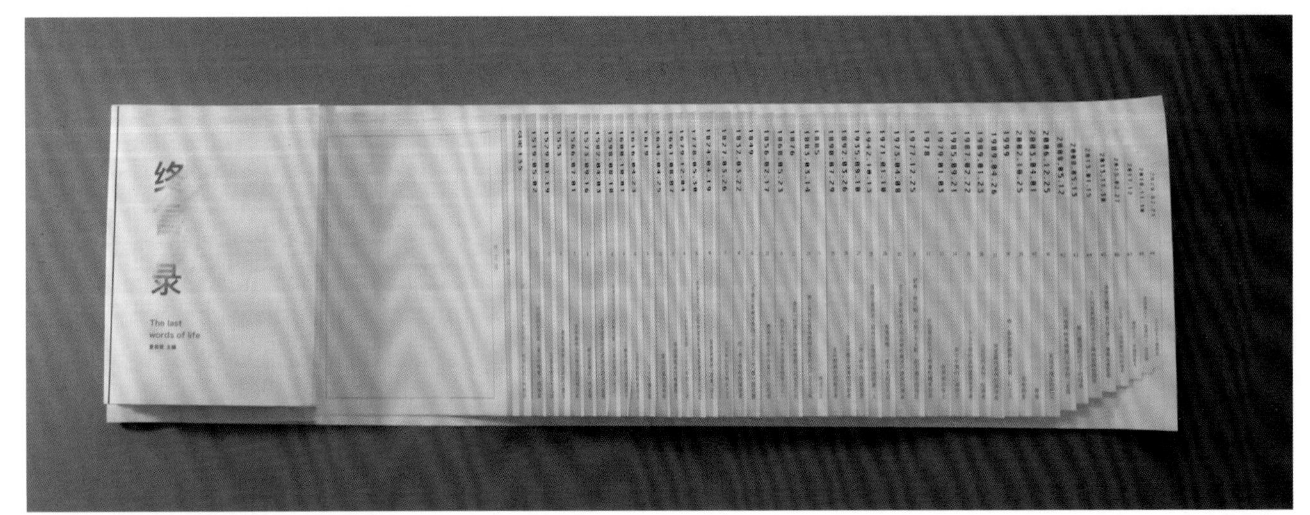


图 3.19 《终言录》旋风装结构展示 | 夏若雯

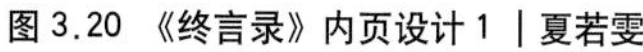
图 3.20 《终言录》内页设计 1 | 夏若雯

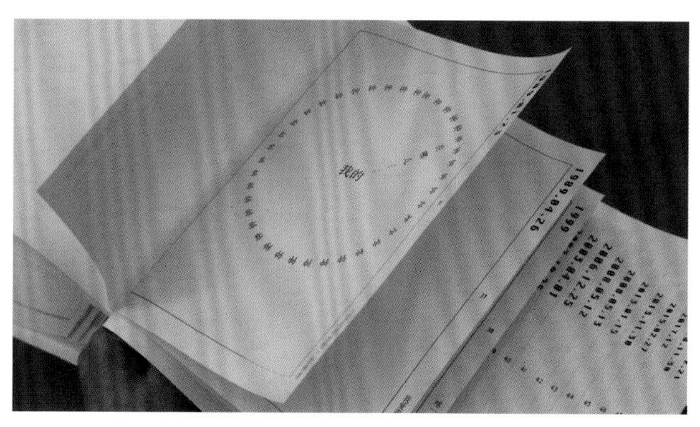


图 3.21 《终言录》内页设计 2 | 夏若雯

### （六）梵夹装

梵夹装始于隋唐时期，流行于唐、五代时期，主要以纸为材料。汉代造纸术的发明和隋唐时期雕版印刷术的发明都极大地促进了书籍装帧艺术的发展和文化的普及。隋唐时期，大量佛教经典由印度传入中国，这些佛经被书写在棕榈树叶上，树叶中间打孔穿细绳，上下垫上夹板以防散乱（如图 3.22 所示）。梵夹装上下木板的存在是为了保护书，实际上这两块木板就是后来的封面和封底。上面的木板上粘有写着佛经名称的签条，这种最早出现的封面形式被传承并改进，形成中国古籍传统的封面形式（如图 3.23 所示）。而且，梵夹装已经脱离卷轴装的装帧形式，开始使用单页，页与页之间并不粘连。梵夹装的单页形式对后来的书籍装帧方式影响很大。

### （七）经折装

经折装出现于唐代，最初由佛教徒制作，因为写的是经文，又采用折叠的形式，所以被称为经折装（如图 3.24 所示）。经折装与佛经有着密切的关系（如图 3.25、图 3.26 所示）。经折装有的一面印字，有的两面印字。两面印字的，可以看完一面再翻过来看另一面，也很方便。在折子的最前面和最后面，即书籍的封面和封底部分，裱有尺寸相等的硬纸板或者木板作为书封和书底，起到保护书籍的作用。经折装的书籍既可以以左右翻页的方式阅读，又可以全部展开阅读，阅读方式灵活，特别适合展示长卷的文本内容和图画内容。因此，这种装帧形式在书籍中应用广泛，并流传至今。

苏泽潇同学设计的《窗的光阴》这本书，改进了经折结构。她增加了经折结构的层次，书中各种形态的窗都可以打开，透过窗可以看到十二时辰的景致（如图 3.27 至图 3.29 所示）。中国古窗是古建筑的一双眼睛，窗格展现了生活的浪漫，记录了四季的轮回，演绎了生命的悲欢离合。透过窗格看景，看光阴变迁、残阳西落、宿鸟归飞、竹影摇曳、灯火阑珊。一窗一时，光阴轮回，触动人心。

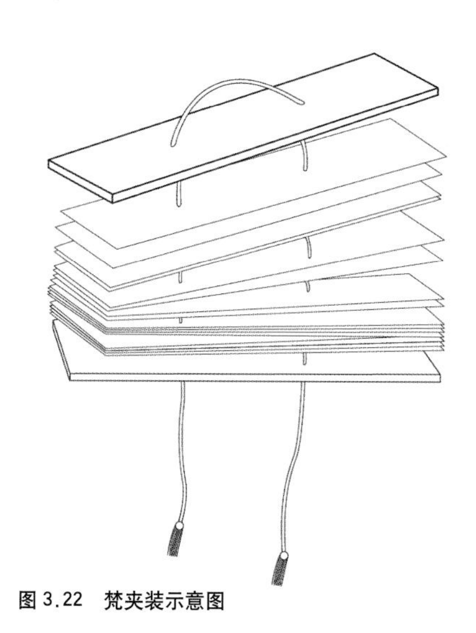
图 3.22　梵夹装示意图

图 3.23　五代梵夹装《思益梵天所问经》

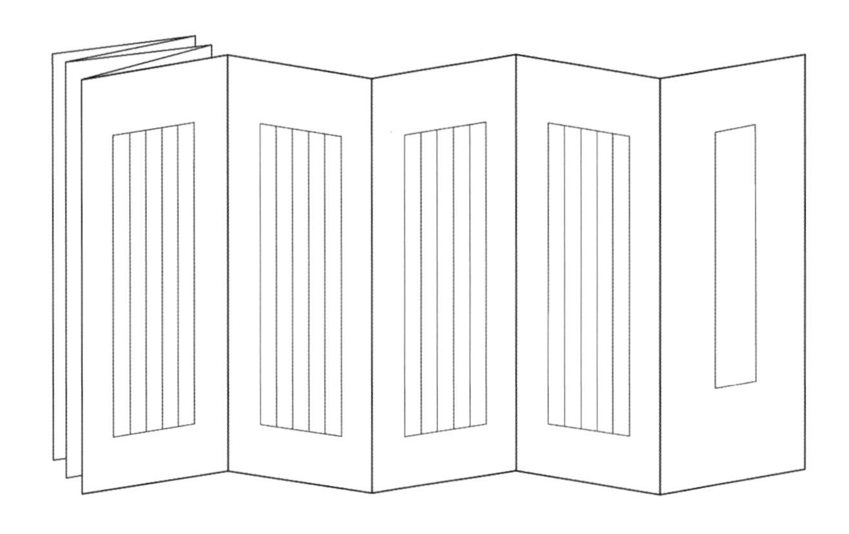

图 3.24 经折装示意图

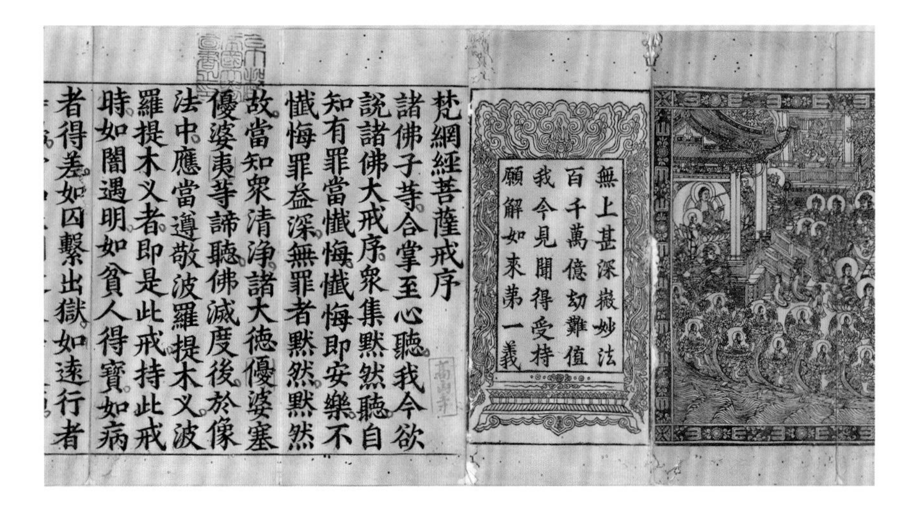

無上甚深微妙法
百千萬億劫難值
我今見聞得受持
願解如來第一義

梵網經菩薩戒序
諸佛子等合掌至心聽我今欲
說諸佛大戒序衆集默然聽自
知有罪當懺悔懺悔即安樂不
懺悔罪益深無罪者默然默然
故當知衆清淨諸大德優婆塞
優婆夷等諦聽佛滅度後於像
法中應當尊敬波羅提木叉波
羅提木叉者即是此戒持此戒
時如闇遇明如貧人得寶如病
者得差如囚繫出獄如遠行者

图 3.25 《梵网经菩萨戒》内页

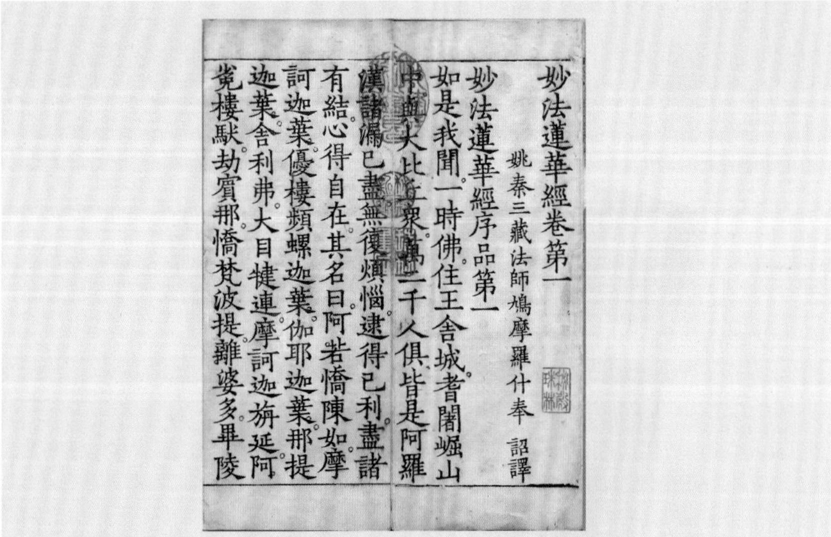

妙法蓮華經卷第一
姚秦三藏法師鳩摩羅什奉 詔譯
妙法蓮華經序品第一
如是我聞一時佛住王舍城耆闍崛山
中與大比丘衆萬二千人俱皆是阿羅
漢諸漏已盡無復煩惱逮得己利盡諸
有結心得自在其名曰阿若憍陳如摩
訶迦葉優樓頻螺迦葉伽耶迦葉那提
迦葉舍利弗大目揵連摩訶迦旃延阿
㝹樓馱劫賓那憍梵波提離婆多畢陵

图 3.26 《妙法莲华经》内页

图 3.27 《窗的光阴》经折装结构展示 | 苏泽潇

【《窗的光阴》
苏泽潇】

图 3.28 《窗的光阴》内页设计 1 | 苏泽潇

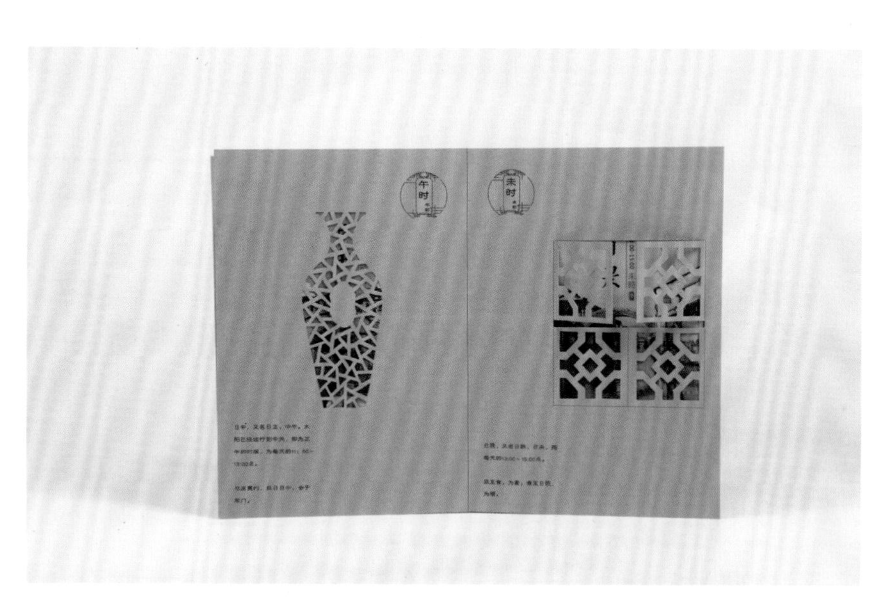

图 3.29 《窗的光阴》内页设计 2 | 苏泽潇

刘凯同学和胡毅同学选择唐代陆羽所著《茶经》进行书籍再设计，以经折结构营造古典阅读情境，烘托典雅茶道氛围（如图 3.30 至图 3.32 所示）。

李心怡同学以“从小到大的成绩单”为主题进行书籍设计，将学生手册中的成绩信息、教师评语和学习用具巧妙结合。书籍封面运用蓝晒法对文字进行设计。书籍记录了学生的学习生活及成长趣事，使读者重拾求学时的美好记忆（如图 3.33 至图 3.36 所示）。

韩羽臻同学的设计作品《80×80》记录了不同职业的人在 80cm×80cm 这样一个尺度的工作台中的世界，讲述在这个世界上，有无数不同职业、性格和爱好的人，在 80cm×80cm 的空间中塑造着自己的人生。设计者选择了 10 个完全不同职业的人作为样本，包括作家、设计师、烘焙师、棋手、书法家、播音员等。书籍装帧采用“回”形经折装结构，将书展开可以得到一个 80cm×80cm 的正方形，既呼应了书名，又传达出“小空间中有大世界”的概念（如图 3.37 至图 3.39 所示）。

### （八）蝴蝶装

雕版印刷是一页一页印刷的，可同时印刷多册，然而卷轴装和经折装的册页太长，在印刷完成后，张纸需要多次的粘连。因此，蝴蝶装随着雕版印刷的兴盛成为宋元时期主要的书籍装帧形式。书籍展开的两个对页就是一个印版，每页的折叠方法都是版心向内、翻口向外，将书页从中缝处字对字向内对折，中缝处上下相对的鱼尾纹是为方便折叠时找准中心而设计的。先将折缝粘在裏背的纸上，再用一张硬厚整纸对折粘于书脊，就做

图 3.30 《茶经》整体设计 | 刘凯 胡毅

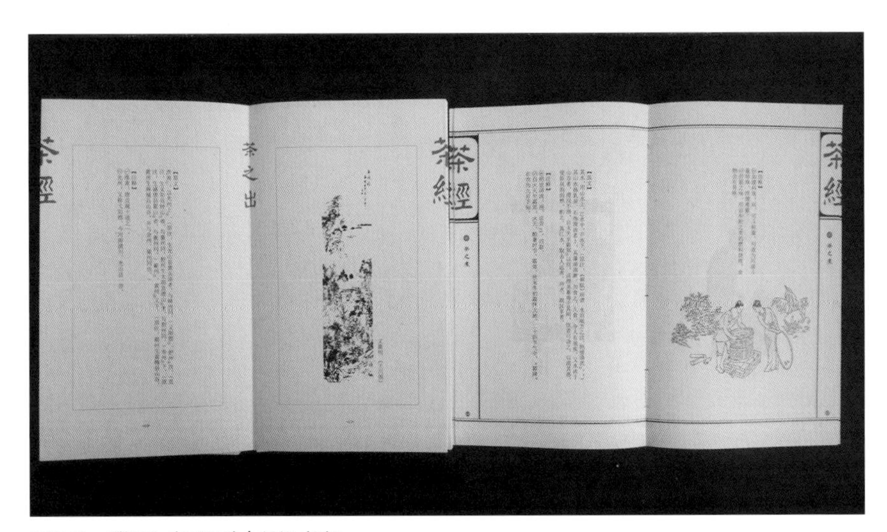


图 3.31 《茶经》内页设计 | 刘凯 胡毅

图 3.32 《茶经》经折装结构展示 | 刘凯 胡毅

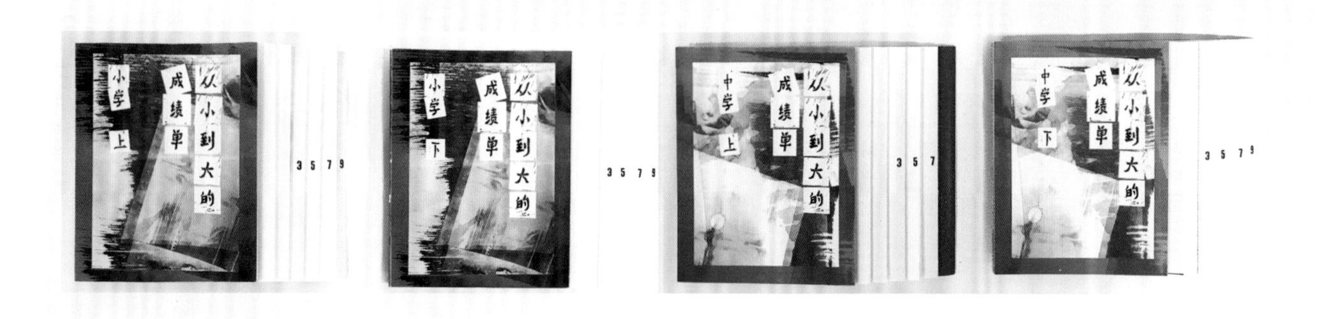


图 3.33 《从小到大的成绩单》整体设计 | 李心怡

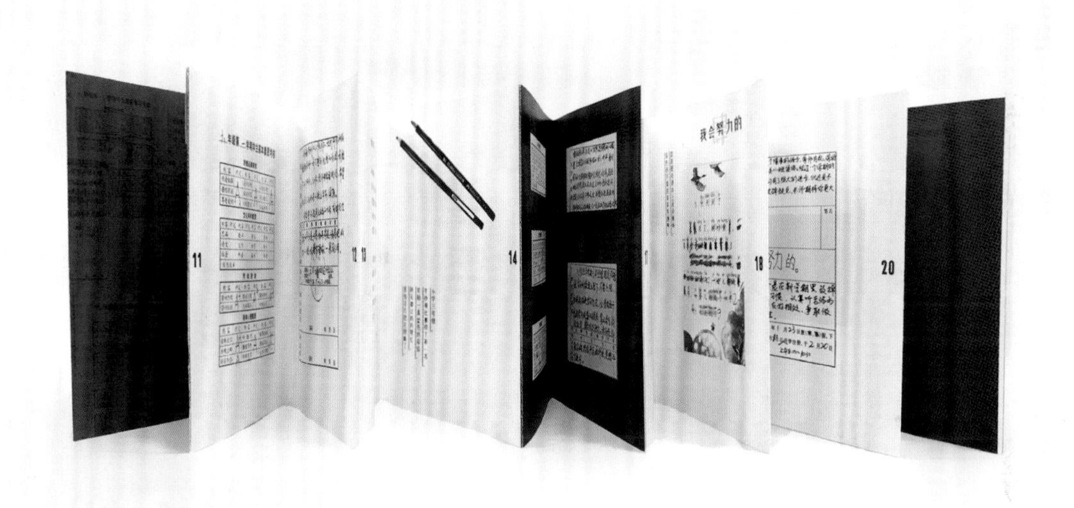


图 3.34 《从小到大的成绩单》内页设计 1 | 李心怡

图 3.35 《从小到大的成绩单》内页设计 2 | 李心怡

出了封面和封底。打开的书页向两边张开，就像展翅飞翔的蝴蝶，所以被称为蝴蝶装（如图 3.40 所示）。蝴蝶装的不足之处是连翻两页才能看见文字，而且粘胶的书背不牢，容易脱落。

蝴蝶装的出现表明中国古代书籍装帧走出了极为重要的一步，完成了从卷轴式图书到册页式图书的过渡。中国传统的书籍版式也是在宋代的蝴蝶装中形成的，并被延续下来，成为中国传统书籍的一大特点。蝴蝶装版面具有比较固定的格式，包括版口、鱼尾、象鼻、界行、版框、书耳、天头、地脚等（如图 3.41 所示）。这样的版面结构成为中国古代印版书籍版面的基本形式，塑造了中国古典书籍端庄大方、严谨古朴的气质（如图 3.42 至图 3.44 所示）。

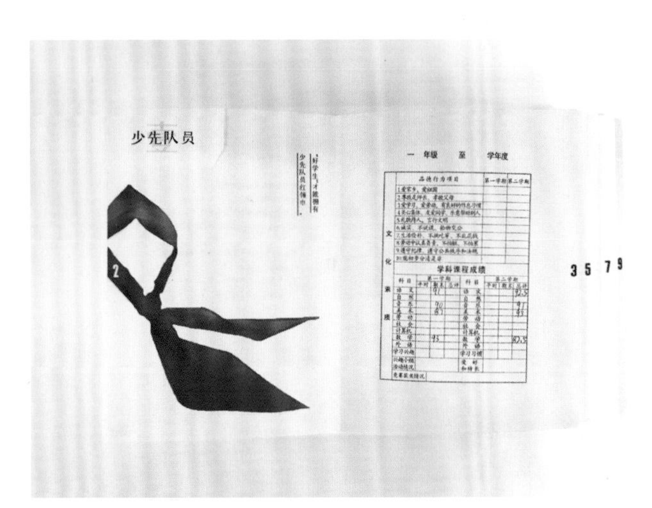


图 3.36 《从小到大的成绩单》内页设计 3 | 李心怡

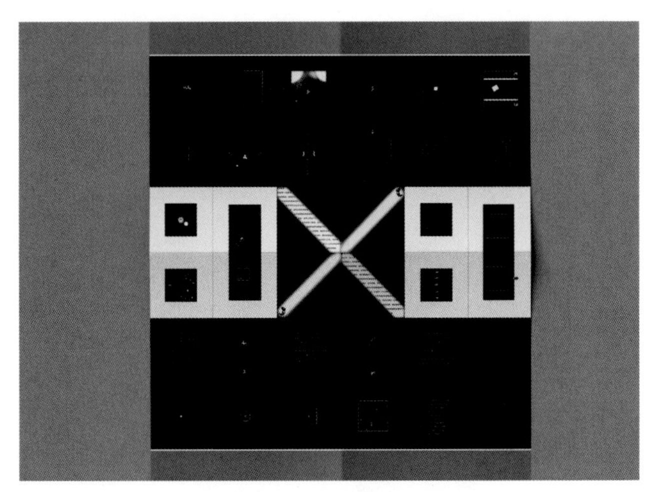

图 3.37 《80×80》经折装结构展示 | 韩羽臻

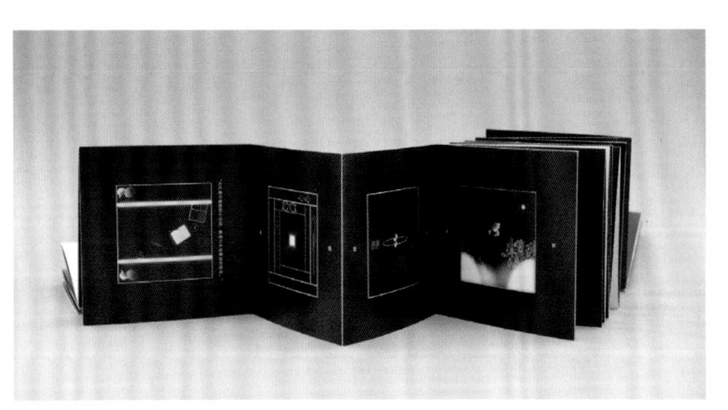

图 3.38 《80×80》内页设计 1 | 韩羽臻

图 3.39 《80×80》内页设计 2 | 韩羽臻

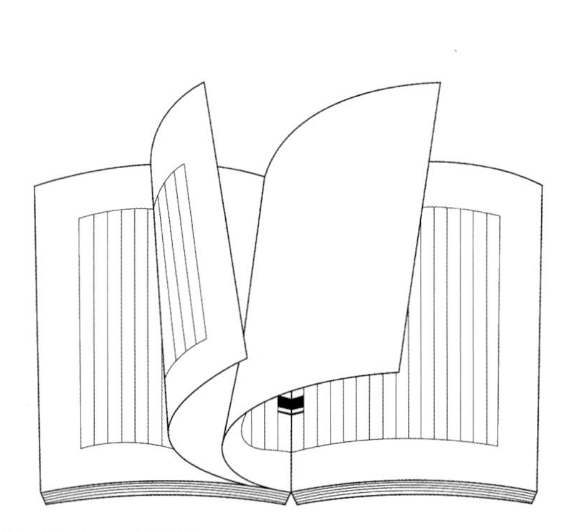

图 3.40 蝴蝶装示意图

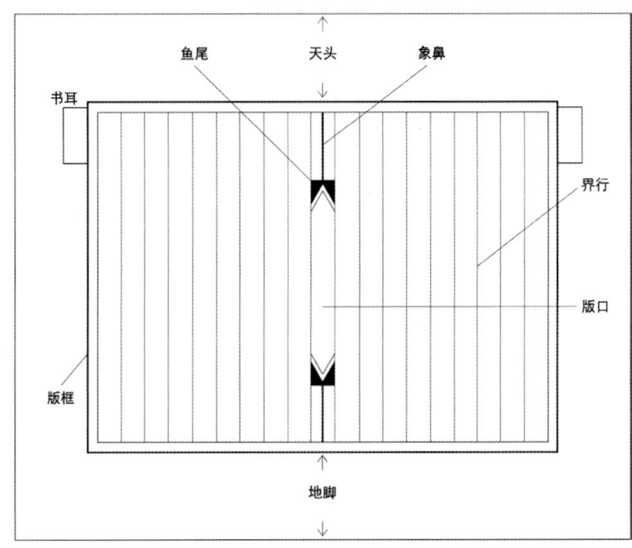


图 3.41 蝴蝶装版式示意图

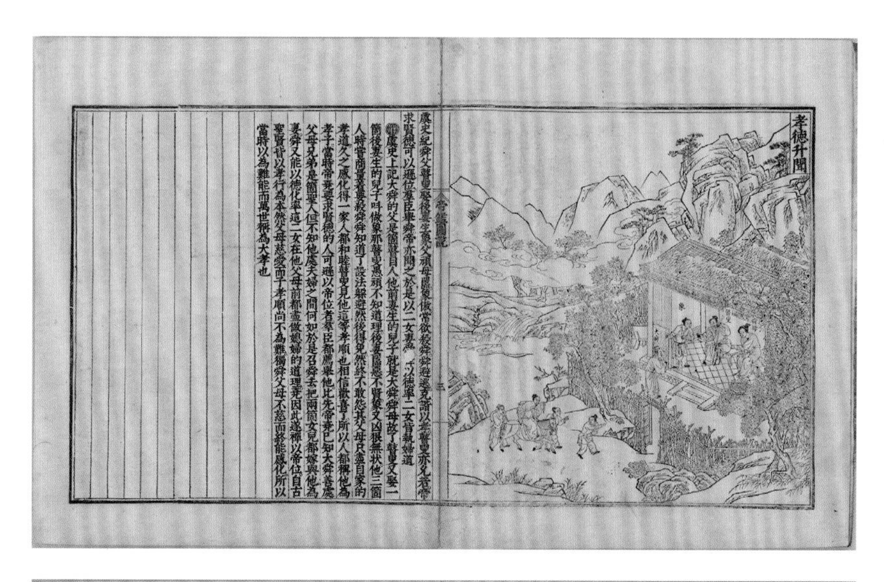

孝德升聞

帝鑑圖說

虞史紀舜父瞽叟娶後妻生象父頑母嚚象傲常欲殺舜舜避逃克諧以孝瞽叟亦允若帝求賢德可以遜位羣臣舉舜帝亦聞之於是以二女妻舜舜以德率二女皆執婦道

【解】虞史上記大舜的父是箇瞽目人他前妻生的兒子就是大舜舜母故了瞽叟又娶一箇後妻生的兒子叫做象那瞽叟愚頑不知道理後妻嚚惡不賢象又凶狠無狀他三箇人時常商量著要殺舜舜知道了設法躲避然後得免然終不敢怨其父母只盡自家的孝道久之感化得一家人都和睦瞽叟見他這等孝順也相信歡喜了所以人都稱他為孝子當時帝堯要求賢德的人可遜以帝位者羣臣都薦舉他比先帝堯已知大舜善處父母兄弟是箇聖人但不知他處夫婦之間何如於是召舜去把兩箇女兒都嫁與他為妻舜又能以德化率這二女在他父母前都盡做媳婦的道理堯因此遂禪以帝位自古聖賢皆以孝行為本然父母慈愛而子孝順尚不為難獨舜父母不慈而終能感化所以當時以為難能而萬世稱為大孝也

图 3.42 《帝鉴图说》内页

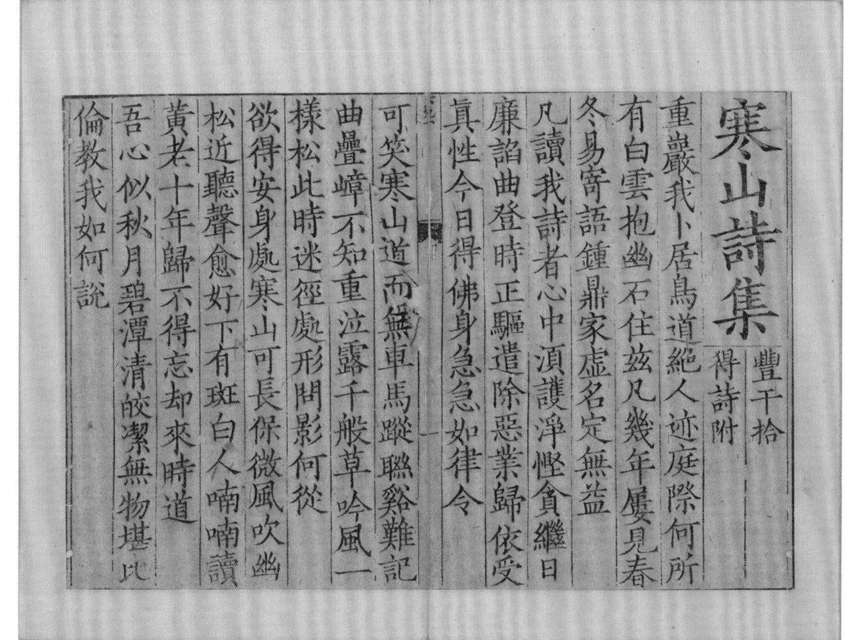

寒山詩集 豐干拾得詩附

重巖我卜居鳥道絶人迹庭際何所有白雲抱幽石住兹凡幾年屢見春冬易寄語鍾鼎家虛名定無益

凡讀我詩者心中須護淨慳貪繼日廉諂曲登時正驅遣除惡業歸依受真性今日得佛身急急如律令

可笑寒山道而無車馬蹤聯谿難記曲疊嶂不知重泣露千般草吟風一樣松此時迷徑處形問影何從

欲得安身處寒山可長保微風吹幽松近聽聲愈好下有斑白人喃喃讀黃老十年歸不得忘却來時道

吾心似秋月碧潭清皎潔無物堪比倫教我如何說

图 3.43 《寒山诗集》内页

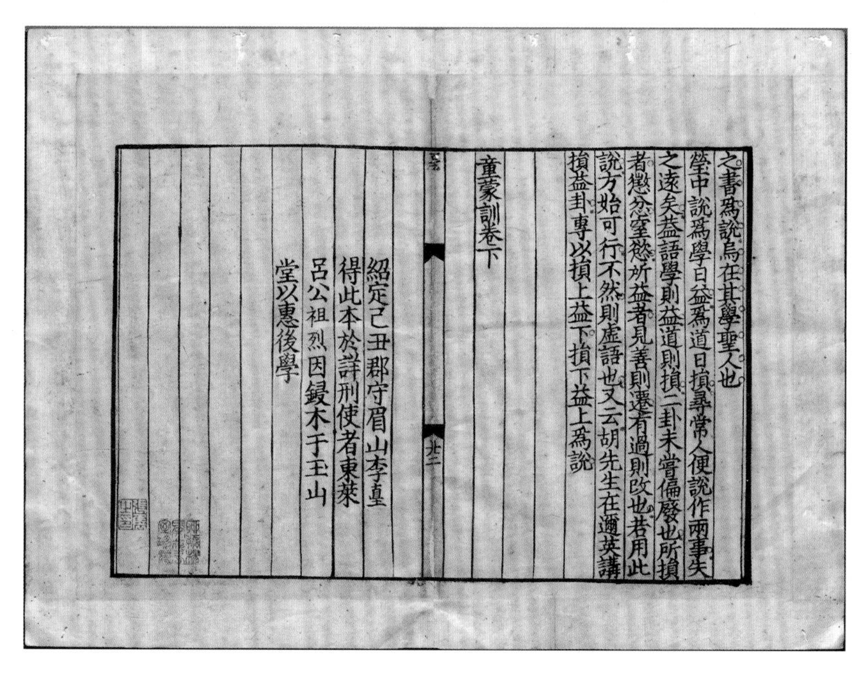

之書爲說烏在其學聖人也

筌中說爲學日益爲道日損尋常人便說作兩事失之遠矣益語學則益道則損二卦未嘗偏廢也所損者懲忿窒慾所益者見善則遷有過則改也若用此說方始可行不然則虛語也又云胡先生在邇英講損益卦專以損上益下損下益上爲說

童蒙訓卷下

紹定己丑郡守眉山李埴得此本於詳刑使者東萊呂公祖烈因鋟木于玉山堂以惠後學

图 3.44 《童蒙训》内页

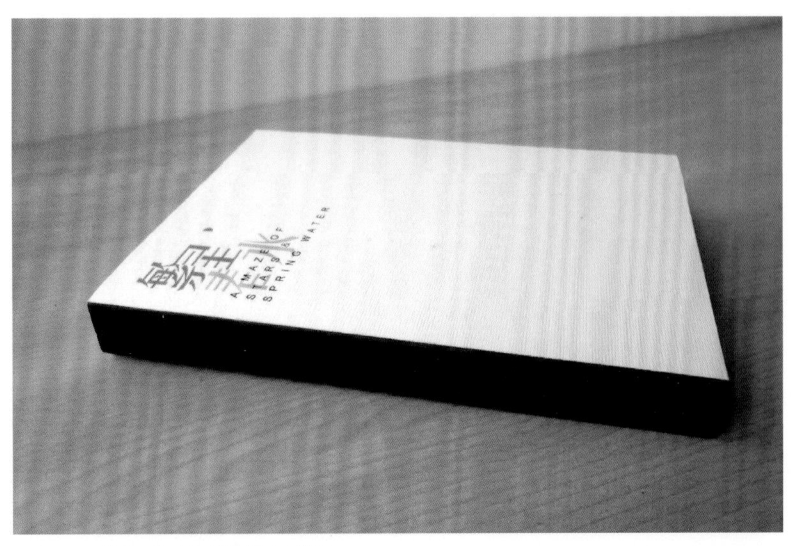

图 3.45 《繁星 · 春水》整体设计 | 张婧

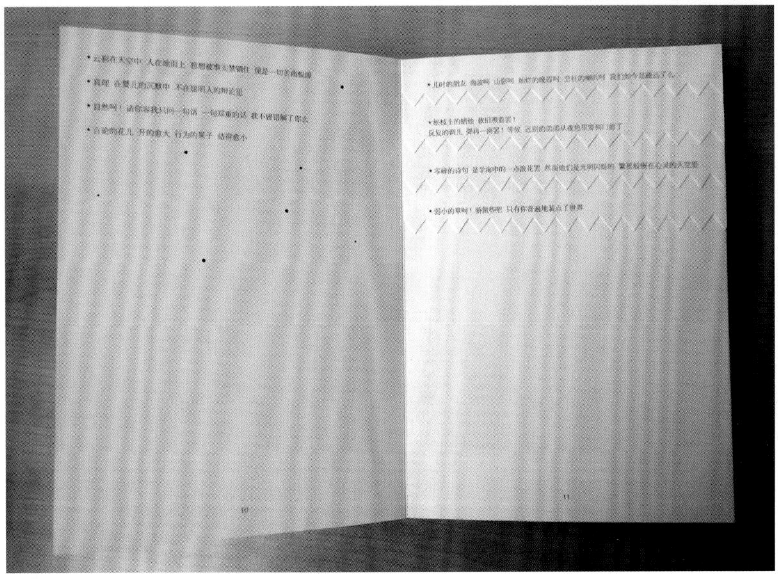

图 3.46 《繁星 · 春水》内页设计 1 | 张婧

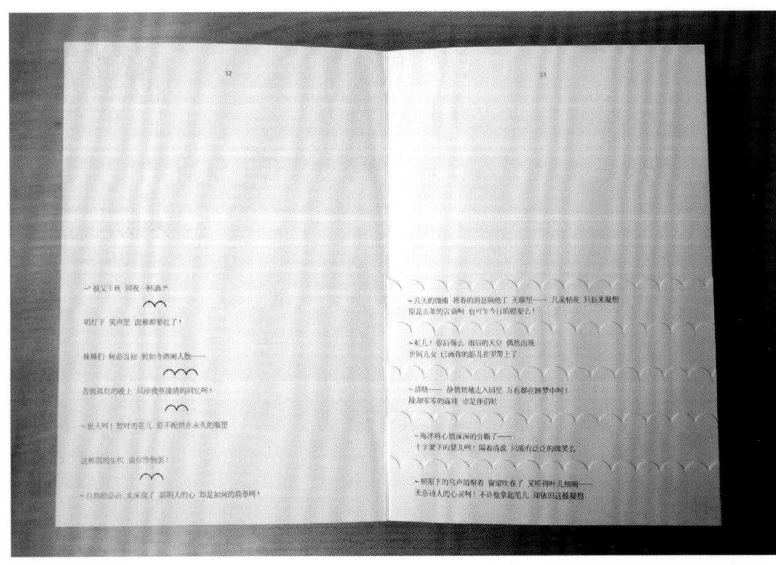

图 3.47 《繁星 · 春水》内页设计 2 | 张婧

张婧同学对《繁星 · 春水》进行书籍再设计，《繁星》和《春水》是冰心先生创作的两部诗集。设计者采用蝴蝶装的装帧形式，对纸张进行裁剪与叠加，营造视觉上的层次感。通过添加纸张雕刻等手工艺，形成“一诗一层”的布局。书籍设计重点突出了冰心先生的文字本身的珍贵性（如图 3.45 至图 3.47 所示）。

邓婧同学选择“灯笼”作为书籍设计的主题。书籍采用蝴蝶装结构，颜色以黄色和棕色为主，将灯笼的外形与纸雕艺术结合，营造出温暖而典雅的阅读氛围（如图 3.48 至图 3.50 所示）。

李筱同学选择《东京梦华录》进行书籍再设计，这是一本讲述北宋都城东京开封府城市风俗人情的著作，是宋代的都市笔记。书籍设计采用蝴蝶装的装帧结构和版面形式，给人一种阅读宋代文人笔记的感觉。设计者在版口做出一个长方形镂空结构，将描绘北宋都城东京城市风貌的《清明上河图》缩印之后装入其中，使书籍图文并茂，提升了阅读层次感（如图 3.51、图 3.52 所示）。

《折纸鸢》是一本以“中国传统风筝”为主题的立体书籍。书籍设计采用了蝴蝶装结构，以风筝的骨架为分类标准，展现了十种风筝（如硬翅风筝、软翅风筝、串式风筝等）的立体结构形式。书籍内页背景为中国的祥云图案，与立体风筝相结合，表现出风筝的轻盈灵动（如图 3.53 至图 3.57 所示）。

.48 《灯笼》蝴蝶装结构展示 | 邓婧

图 3.49 《灯笼》整体设计 | 邓婧

50 《灯笼》内页设计 | 邓婧

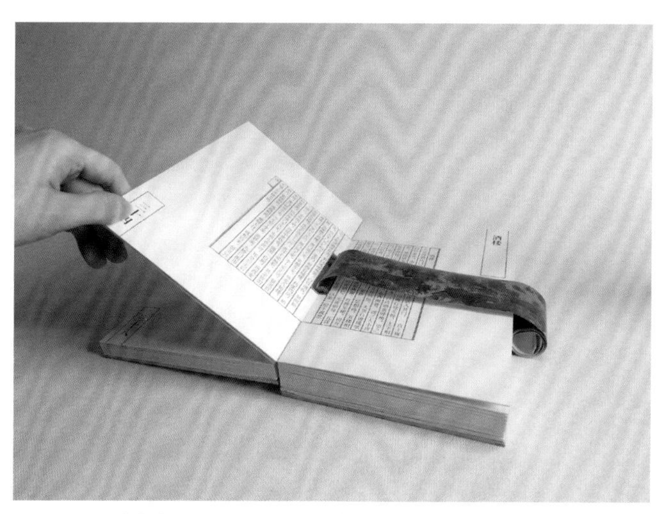

图 3.51 《东京梦华录》蝴蝶装结构展示 | 李筱

52 《东京梦华录》内页设计 | 李筱

图 3.53 《折纸鸢》整体设计 | 赵素坤

【《折纸鸢》赵素坤】

图 3.54 《折纸鸢》内页设计 1 | 赵素坤

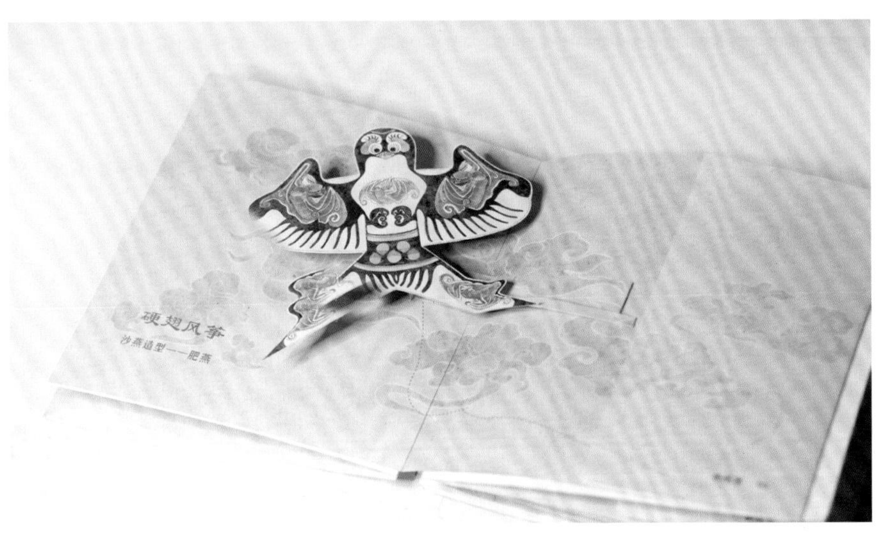


图 3.55 《折纸鸢》内页设计 2 | 赵素坤

图 3.56 《折纸鸢》内页设计 3 | 赵素坤

图 3.57 《折纸鸢》内页设计 4 | 赵素坤

### （九）包背装

包背装盛行于元代，这种装帧设计使书页有文字的一面向外，以折叠的中线为书口，背面相对折叠。将长条的韧纸捻成纸捻，在书籍近脊处打孔，以捻穿订，最后将一整张纸绕书背黏住，作为书籍的封面和封底。因为这种装帧结构主要特点是包裹书背，所以称为“包背装”（如图 3.58 至图 3.62 所示）。包背装的版式和蝴蝶装的版式在印刷时是一样的，但是装订的方法不同，包背装书的象鼻、鱼尾、版口、书名等均在书口，而蝴蝶装书的象鼻、鱼尾、版口、书名等均在里面，和包背装书正好相反。

包背装书口对折的结构在如今的书籍装帧设计中经常被借鉴，这种结构可以做出丰富的设计层次和隐含的设计细节，为营造丰富的书籍阅读情境打下良好的空间结构基础。

刘亚楠同学设计的《桂殿兰宫——承德避暑山庄》与传统包背装书籍装帧结构有所不同，纸雕部分仍旧放置于包背装的对页之中，文字部分放置于包背装的“M 形折”中。在读图和读字时，读者会有不同的感受

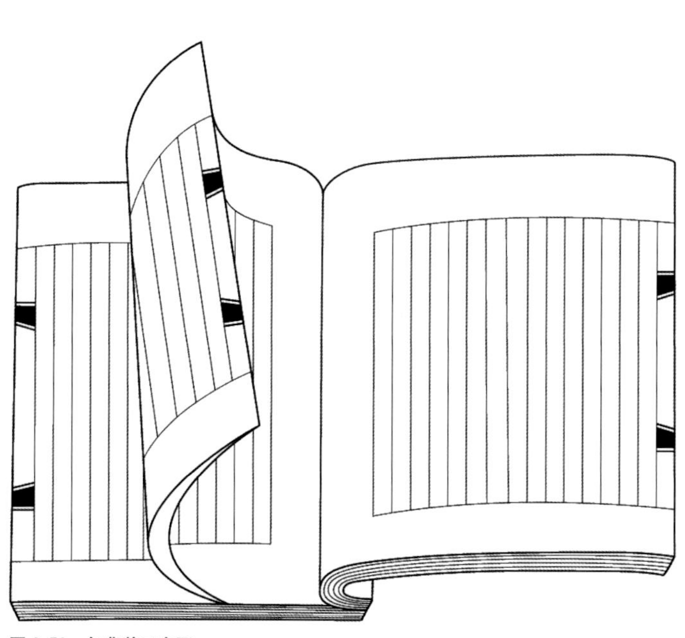

图 3.58　包背装示意图

图 3.59　明《永乐大典》封面

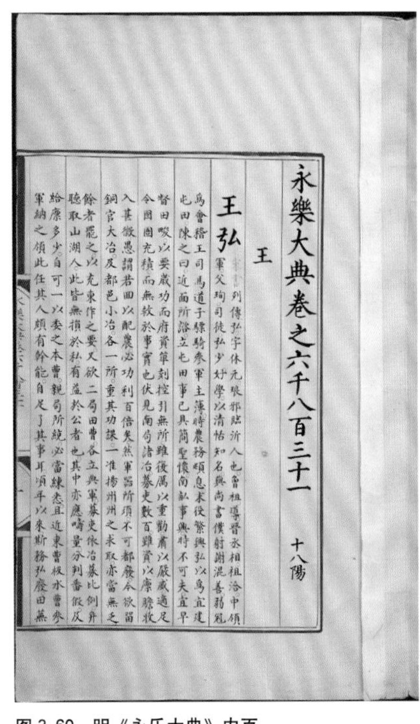
永樂大典卷之六千八百三十一　十八陽

王

王弘

图 3.60　明《永乐大典》内页

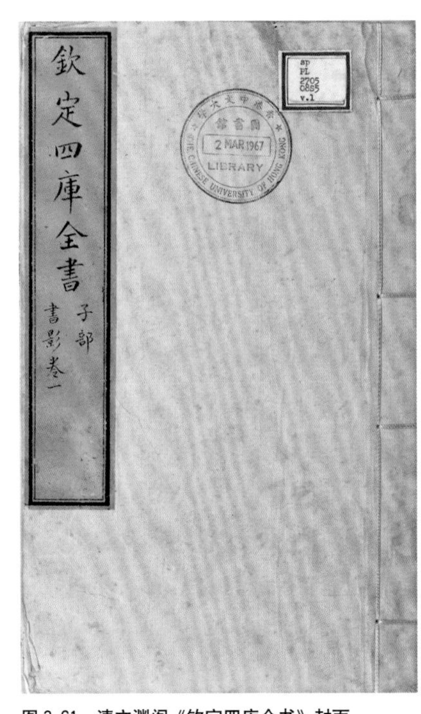


图 3.61　清文渊阁《钦定四库全书》封面

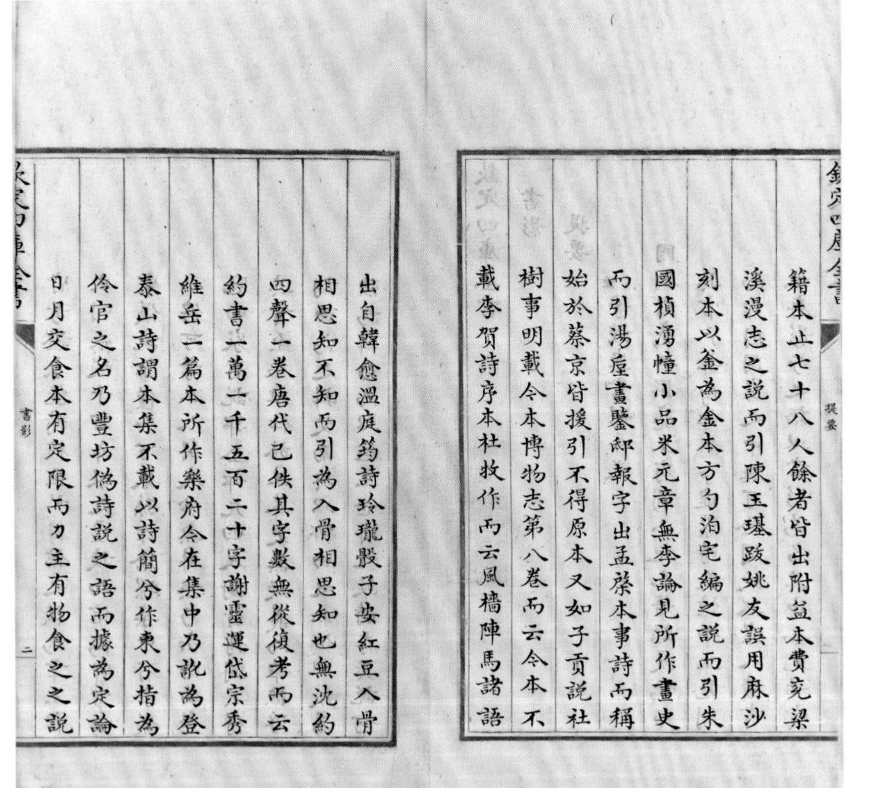
欽定四庫全書　提要

籍本止七十八人餘者皆出附益本費兗梁溪漫志之說而引陳玉璂跋姚友誤用麻沙刻本以釜為金本方勺泊宅編之說而引朱國楨湧幢小品米元章無李論見所作畫史而引湯垕畫鑒郵報字出孟棨本事詩而稱始於蔡京皆援引不得原本又如子貢説社樹事明載今本博物志第八卷而云今本不載李賀詩序本杜牧作而云風檣陣馬諸語

書影　二

出自韓愈溫庭筠詩玲瓏骰子安紅豆入骨相思知不知而引為入骨相思知也無沈約四聲一卷唐代已佚其字數無從復考而云約書一萬一千五百二十字謝靈運伐宗秀維岳一篇本所作樂府今在集中乃説為登泰山詩謂本集不載以詩簡兮作東兮指為伶官之名乃豐坊偽詩説之語而據為定論日月交食本有定限而力主有物食之之説

图 3.62　清文渊阁《钦定四库全书》内页

（如图 3.63 至图 3.67 所示）。

侯紫玉同学选择“敦煌壁画”作为书籍设计的主题，敦煌壁画这座艺术宝库规模巨大、内容丰富、题材广泛。隋唐时期是敦煌石窟艺术发展的关键时期，开窟数量大，艺术成就很高，孕育出奇瑰多变的隋代图案和盛大华丽的唐代图案。书籍以隋唐时期敦煌石窟的藻井图案为主要介绍内容。书籍装帧设计探索和模拟了敦煌洞窟的观看方式，将藻井图案置于类似洞窟的书籍空间之中，运用包背装的“M 形折”结构将文字区域和图片区域分隔开来，增强了读者阅读时的体验感（如图 3.68 至图 3.70 所示）。

### （十）线装

线装是中国古代出现最晚的书籍装帧结构，起源于五代，盛行于明清。线装是从包背装发展而来的，线装的封面、封底不再用一整张纸绕背胶粘，而是上下各置一张散页，先用刀将上下书口及书背切齐，再在书脊处打孔，用线串牢。一般的书是四眼订法，较大的书也有六眼订法和八眼订法（如图 3.71 至图 3.76 所示）。因为这种书籍采用的是打孔穿线的装订方式，所以被称为线装书。线装的书籍不易散落、形式美观，所以线装逐渐取代包背装，成为中国古代发展最为成熟的书籍装帧结构。线装书通过纯粹的纸张与线之间的连接完成书籍的装帧，既很好地保留了纸张的原始质感，又展现出纸张材质的丰富变化。

线装书的排版是有一定顺序的，书籍按照封面、扉页、序、凡例、目录、正文、参考资料、封底的顺序依次展开。线装书的书衣和内页多为软纸，不便于摆放和携带，尤其是套书。为了解决这些问题，做书人开始制作书套和书函。

书套大多以硬纸板做衬，白纸做里，外用蓝布或云锦做面，起到保护书籍的作用。书套包在书的四周，即封面、封底、书口和书脊四面，露出上下切口的两面，称为“四合套”（如图 3.77、图 3.78 所示）。书套把书的六面全包裹起来，称为“六合套”（如图 3.79、图 3.80 所示）。

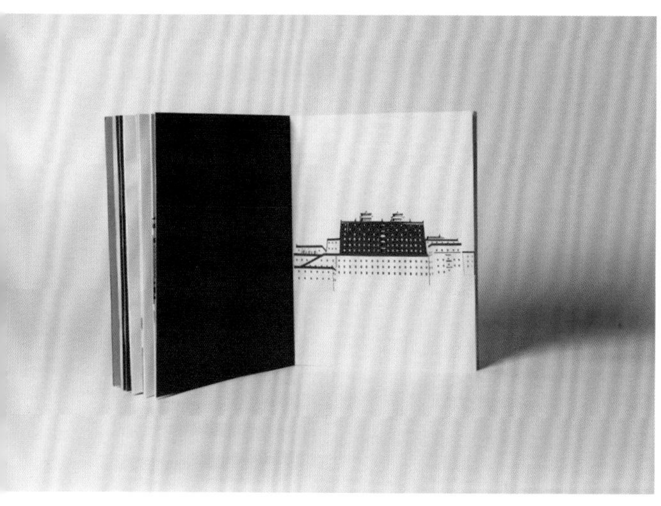

3.63 《桂殿兰宫——承德避暑山庄》整体设计 | 刘亚楠

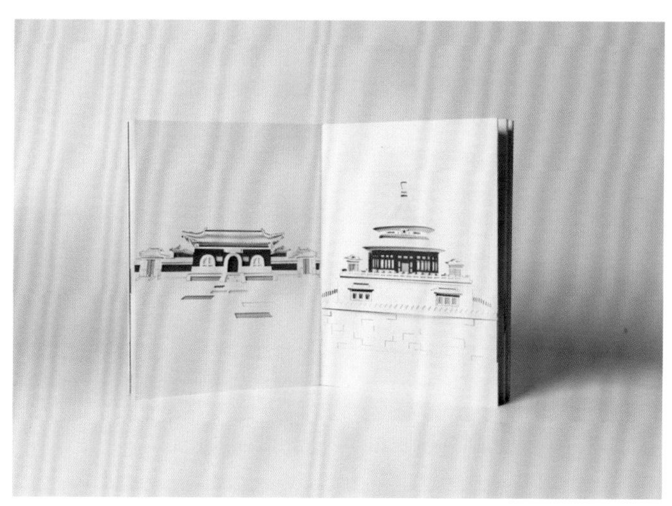

图 3.64 《桂殿兰宫——承德避暑山庄》内页设计 1 | 刘亚楠

3.65 《桂殿兰宫——承德避暑山庄》内页设计 2 | 刘亚楠

图 3.66 《桂殿兰宫——承德避暑山庄》内页设计 3 | 刘亚楠

.67 《桂殿兰宫——承德避暑山庄》包背装结构展示 | 刘亚楠

图 3.68 《隋唐敦煌藻井装饰图案》整体设计 | 侯紫玉

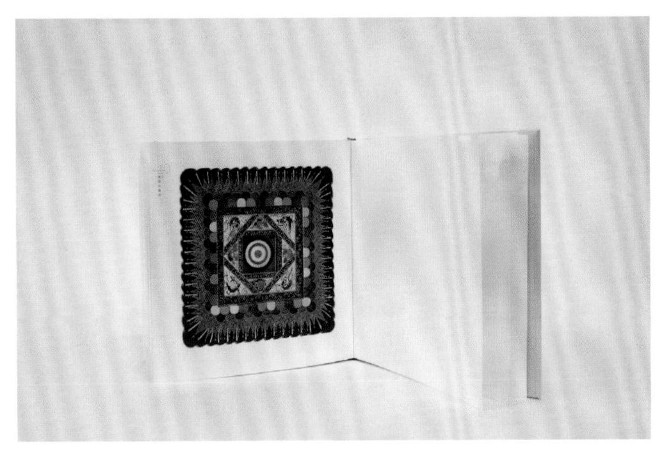

图 3.69 《隋唐敦煌藻井装饰图案》内页设计 | 侯紫玉

图 3.70 《隋唐敦煌藻井装饰图案》“M 形折”结构展示 | 侯紫玉

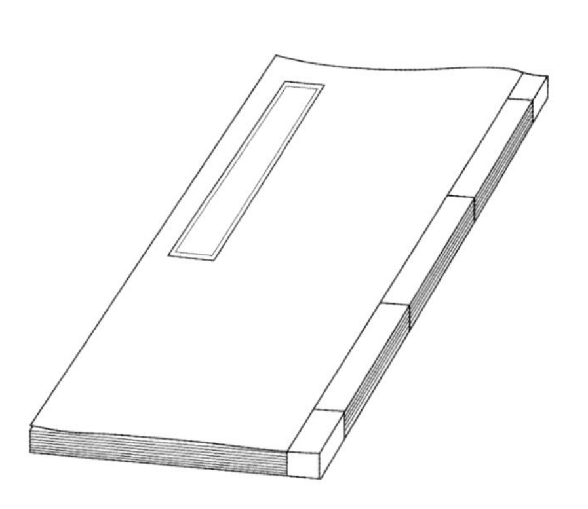

图 3.71 四眼订线装示意图

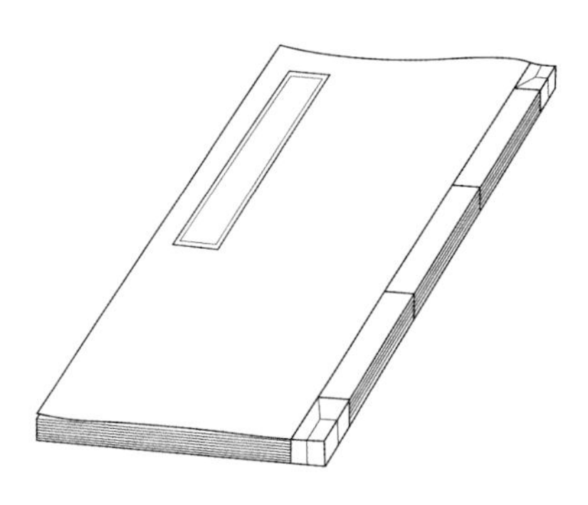

图 3.72 六眼订线装示意图

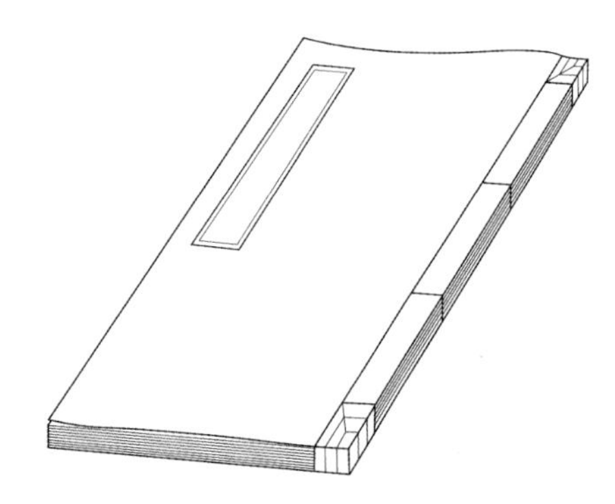

图 3.73 八眼订线装示意图

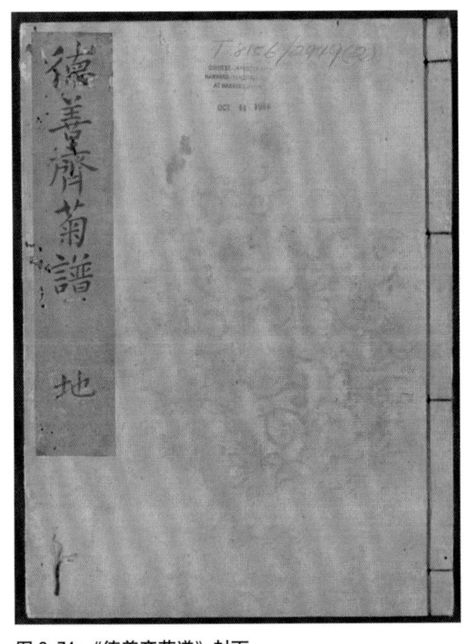

德善齋菊譜 地

图 3.74 《德善斋菊谱》封面

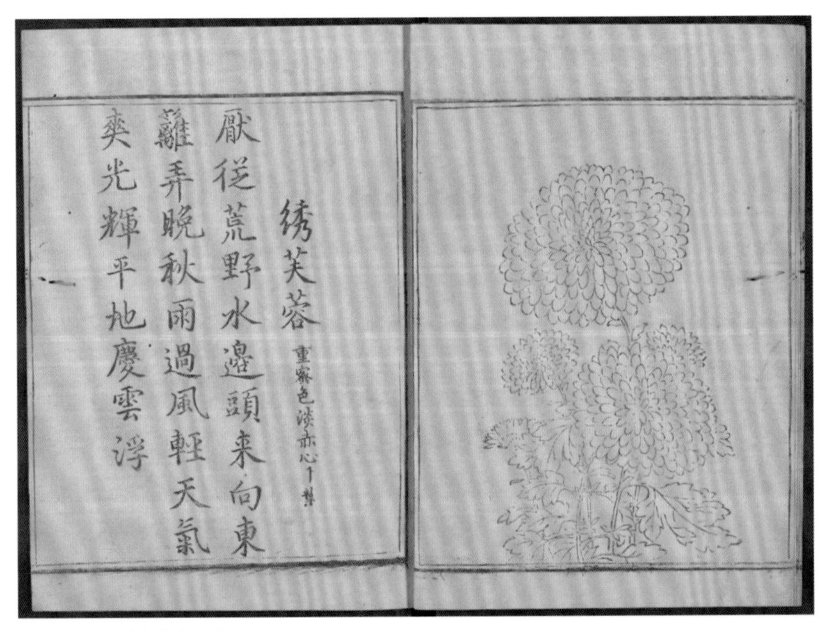

綉芙蓉

猷從荒野水邊頭来向東
籬弄晚秋雨過風輕天氣
奕光輝平地慶雲浮

图 3.75 《德善斋菊谱》内页

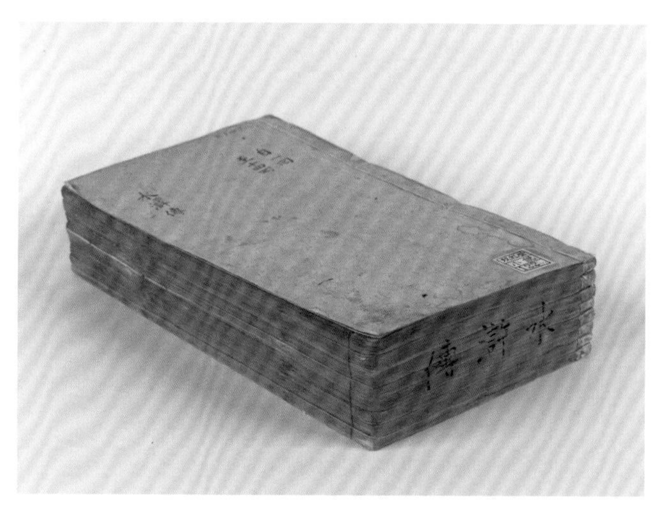


图 3.76 《水浒传》四眼订线装本

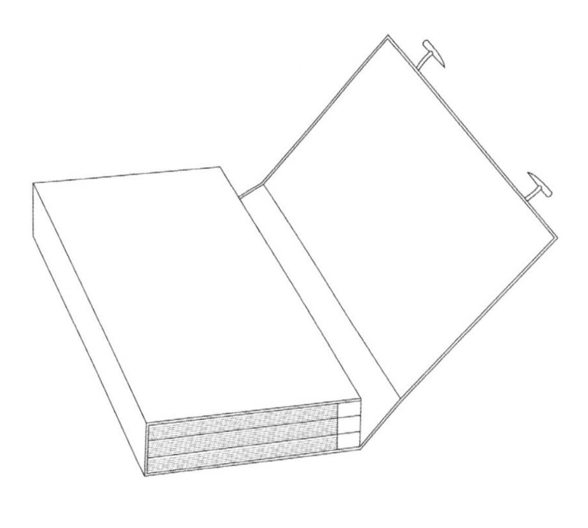

图 3.77 四盒套示意图

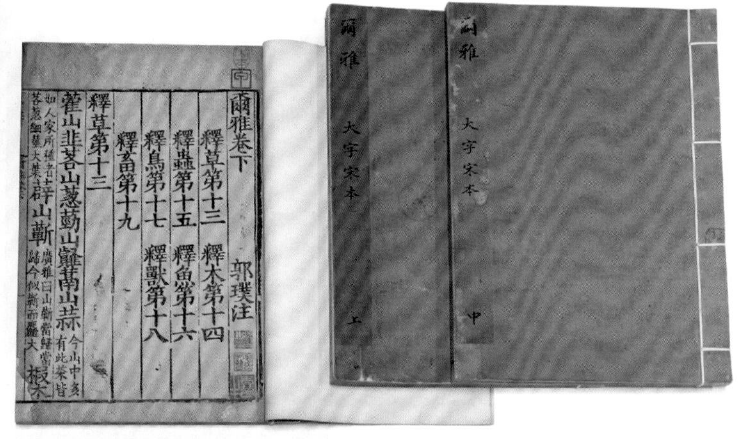


图 3.78 《尔雅》四盒套线装本

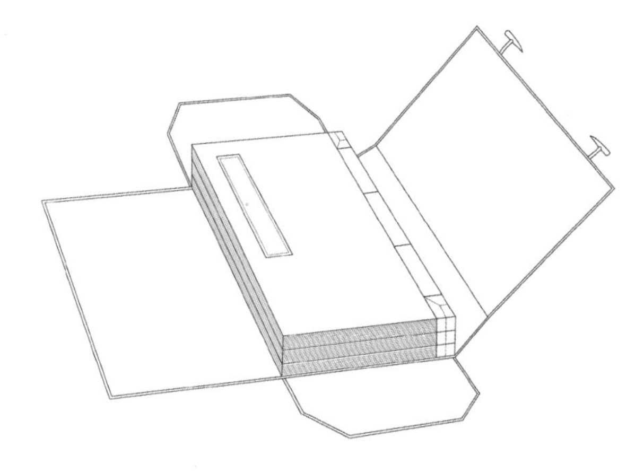

图 3.79 六盒套示意图

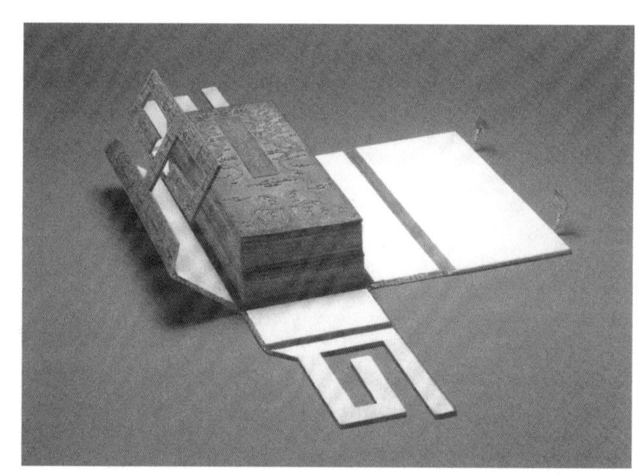

图 3.80 清宫原藏函套装《金刚般若波罗密经》

书套的开启处做有各种形状的图案，如月牙形、云形、如意形等。书函大多以木板为材料，取木材本色，做成箱式，可以起到保护珍贵典籍的作用。

胡晴同学选择“纸戏”为书籍主题，两本书分别以中国传统四合院建筑和安徒生经典童话故事《野天鹅》为切入点，以纸雕为设计表现手法。一本艺术化地营造出庭院式的阅读情境，另一本展现出童话故事的自然之美（如图 3.81 至图 3.83 所示）。

李寒玉同学设计的《无木之本》诠释了“没有界限的另一种可能性”，她选择了维斯拉瓦・辛波斯卡、豪尔赫・L. 博尔赫斯、北岛和张枣四位诗人的现代诗作为书籍的主要内容。设计者在书中插入了自己制作的湿拓画，使这种流动的、不规则的、变幻的作画方式与诗歌内容相配合，烘托出如梦如幻的意境氛围。此外，设计者还选择了线型感很强的锁线装结构来增强书籍整体的视觉表现力（如图 3.84 至图 3.86 所示）。

罗媛丽同学选择《中国女书合集》第四册中阳焕宜所编写的“结交姊妹歌”为书籍再设计内容，书籍封面选用两位正在对话的女性侧脸为设计表现形式，以突出姐妹之间的深厚情谊。书籍采用线装结构，与竖排的女书文字相呼应（如图 3.87、图 3.88 所示）。

曹紫钰同学选择“100 句名言回顾党史 100 年”为书籍主题。书籍整体为红色调，封面雕刻有“100”字样，形状像飘扬的五星红旗（如图 3.89 至图 3.91 所示）。

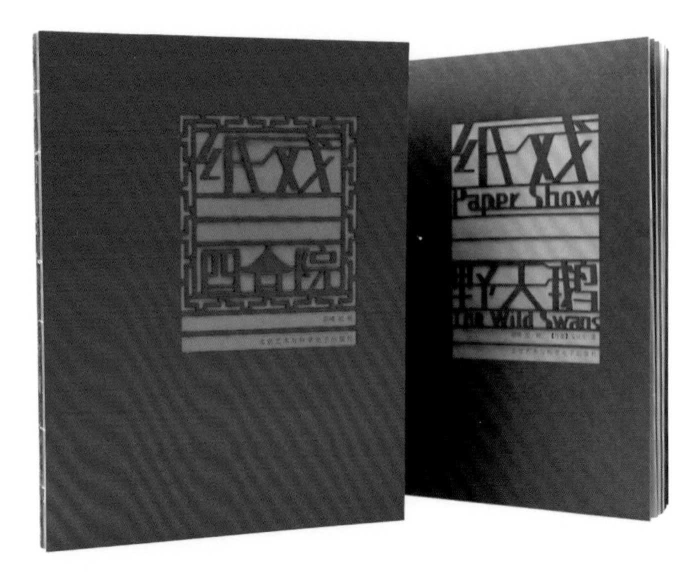


图 3.81 《纸戏・四合院》《纸戏・野天鹅》整体设计丨胡晴

图 3.82 《纸戏・四合院》内页设计丨胡晴

图 3.83 《纸戏・野天鹅》内页设计丨胡晴

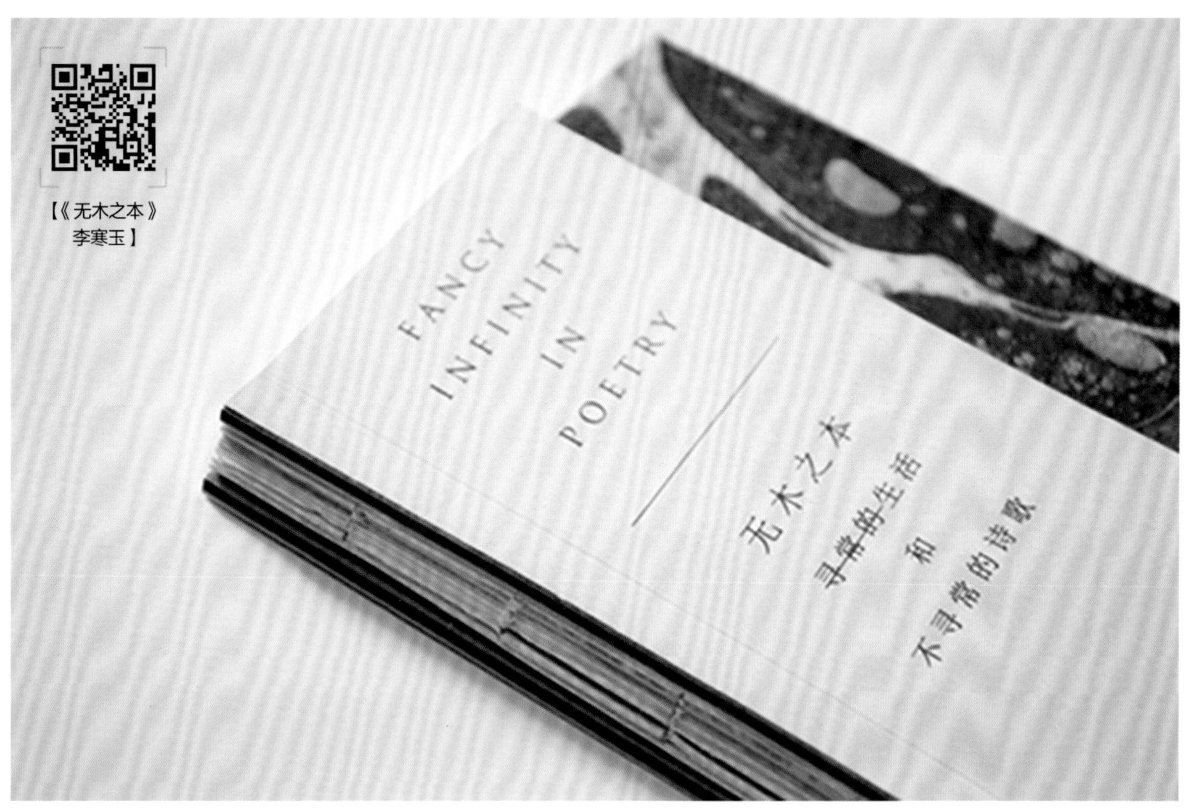


图 3.84 《无木之本》线装结构展示｜李寒玉

图 3.85 《无木之本》内页设计 1 ｜李寒玉

图 3.86 《无木之本》内页设计 2 | 李寒玉

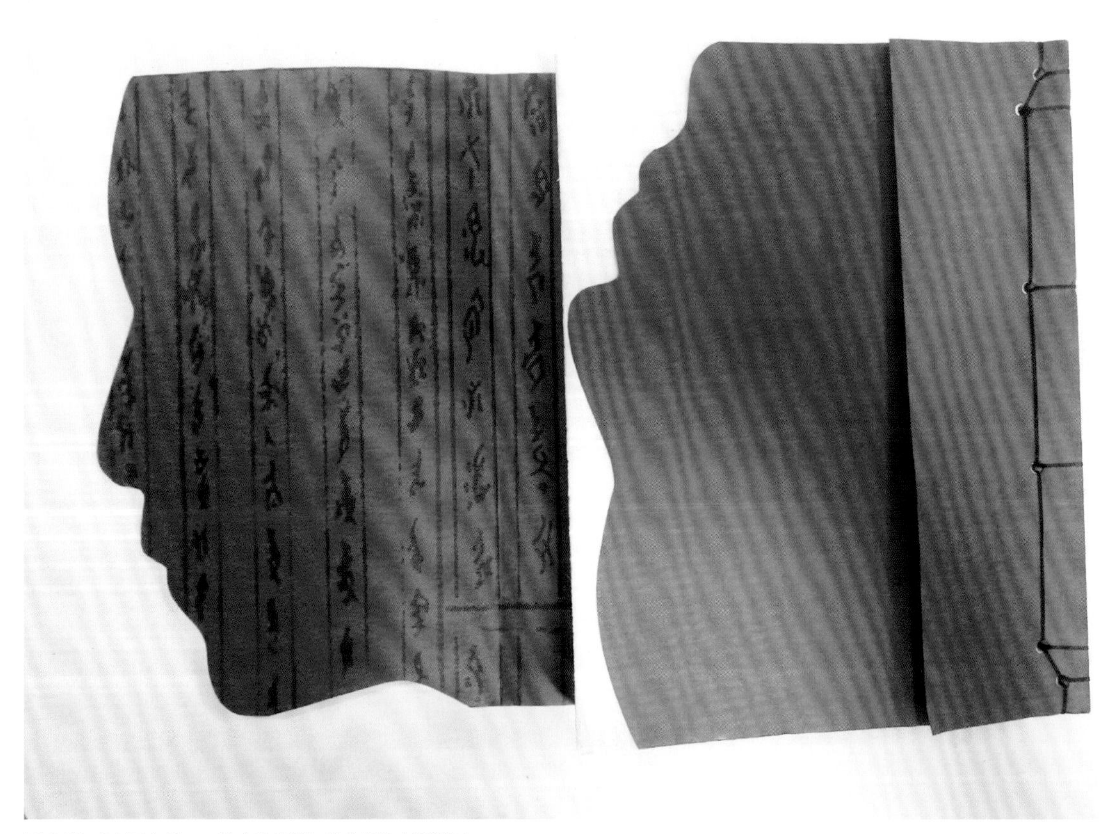

图 3.87 《中国女书——结交姊妹歌》整体设计 | 罗媛丽

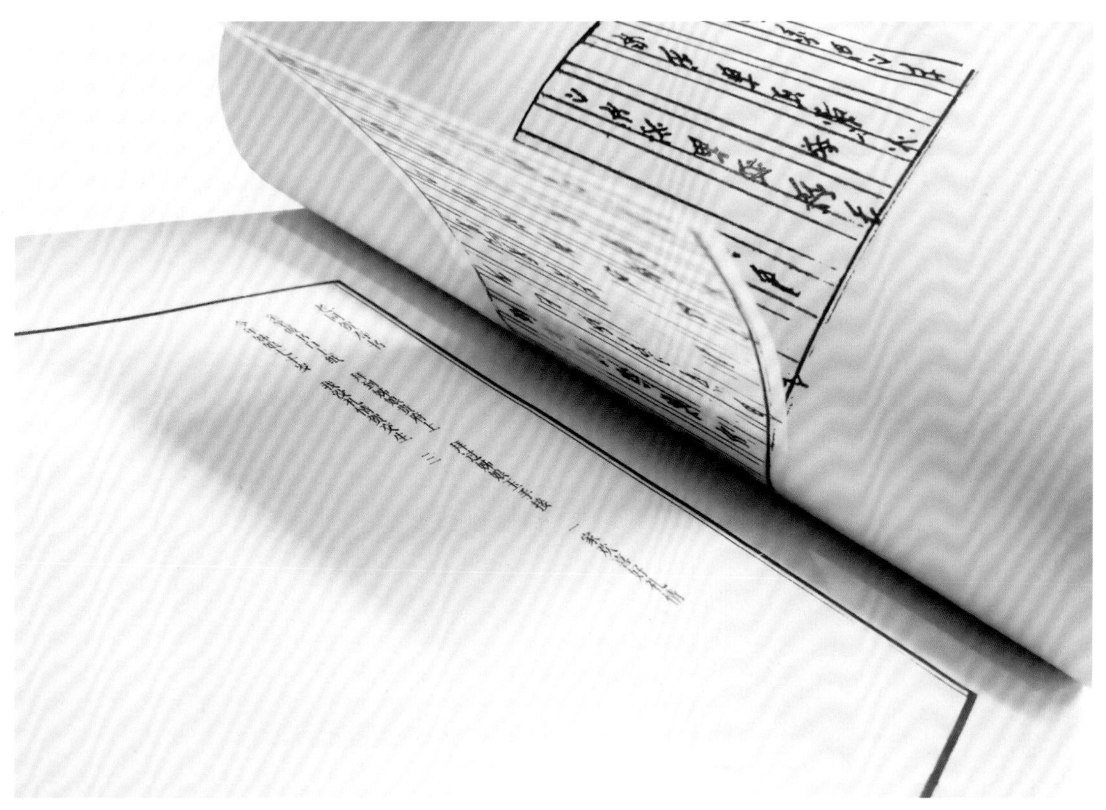

图 3.88 《中国女书——结交姊妹歌》内页设计 | 罗媛丽

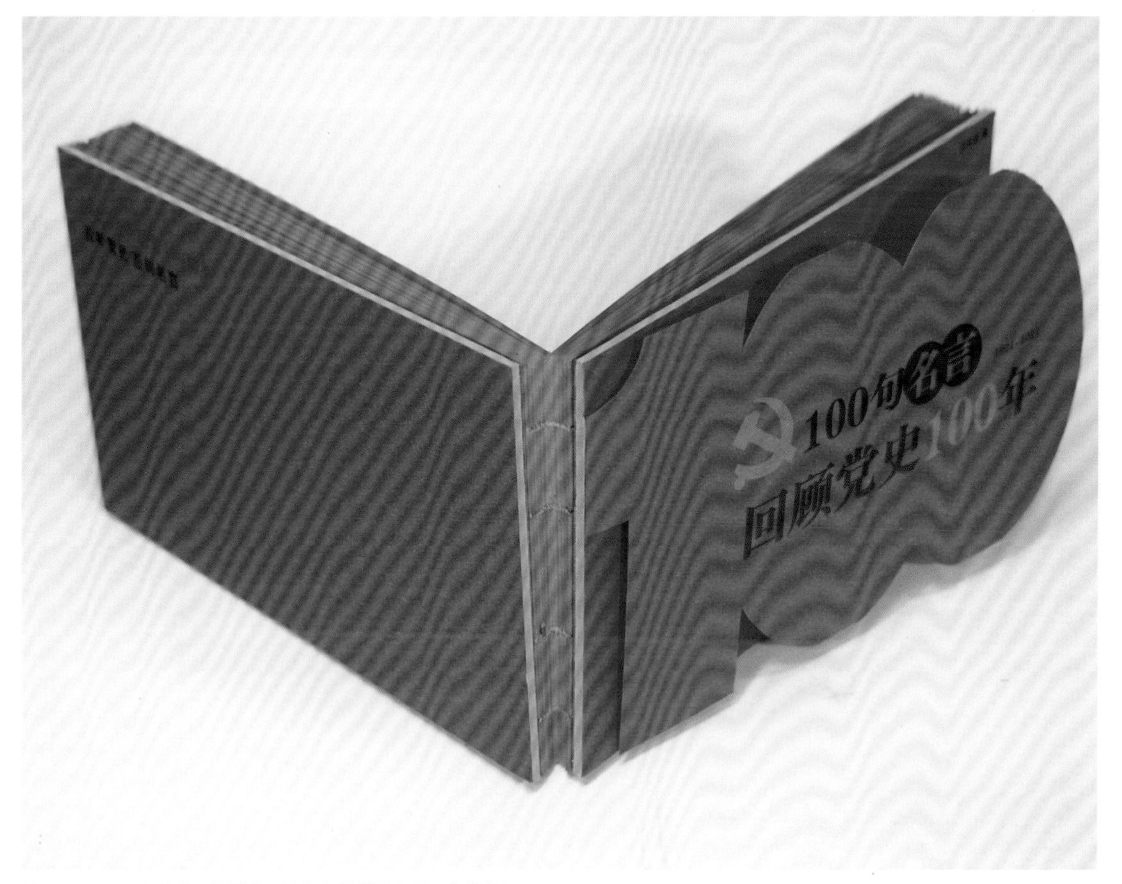


图 3.89 《100 句名言回顾党史 100 年》线装结构展示 | 曹紫钰

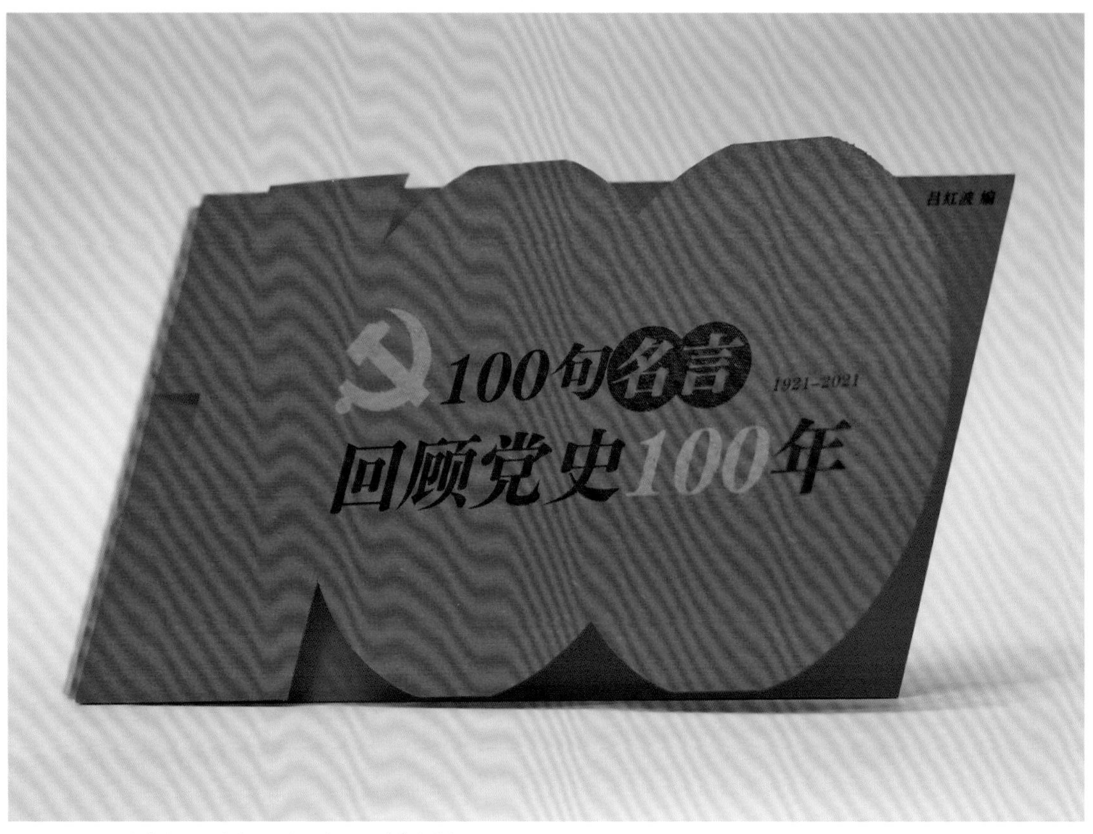


图 3.90 《100 句名言回顾党史 100 年》封面设计 | 曹紫钰

图 3.91 《100 句名言回顾党史 100 年》封底设计 | 曹紫钰

## 二、书籍的开本设计

书籍开本给予读者第一空间尺度的视觉印象。开本的选择是设计者将对书籍内容的理解转化为书籍最初形态过程中最重要的一步。无论是厚重的大开本还是精巧的小开本，无论是具有东方韵味的中式开本还是具有西方气质的西式开本，都以不同的书籍空间构造承载着不同的书籍内容。

书籍的文字编辑和设计者对选择什么样的开本十分重视，学生却往往容易忽视这一点。学生在初步形成书籍的整体设计概念之后，就急忙打开计算机设计软件，直接确定书籍的开本尺寸。计算机软件中屏幕显示的开本尺寸和实际开本尺寸有很大不同，没有经过实际尝试就匆忙确定的书籍开本尺寸往往是不合适的。因此，学生需要将纸张裁成实际开本尺寸，并结合以下几点多次尝试，最终确定书籍的开本尺寸。

### （一）根据书籍内容类别选择开本

诸如艺术家画册、大型图册、大型文献、厚本经典著作等具有文化价值且需要大幅展示的素材内容，应选择较大的开本，以便于陈列典藏；诸如短篇文学、教材等文字阅读类素材内容，应选择较小的开本，以便于翻看阅读；诸如字典、手册等工具书，则应选择更小的开本，以便于随身携带、随时查阅。

### （二）根据书籍内容篇幅选择开本

在确定书籍素材内容之后，设计者需要结合素材内容篇幅来选择书籍的开本。例如，书籍素材内容篇幅大，文字量、图片量很大，文字图片信息层级多，并且文字图片素材质量很高，一般可以选择大型开本来充分展示丰富的书籍内容；而书籍素材内容篇幅小，文字量、图片量偏少，文字图片信息层级少，文字图片素材质量普通，一般就选择小型开本来展示书籍内容。

### （三）根据书籍阅读功能选择开本

同一书籍内容会因为阅读功能的不同而出现不同的开本设计。例如，从便于读者携带的角度考虑，有些文学类书籍由原来的中型开本再设计为小型开本；还有一些经典文库书籍，为了向手机阅读“宣战”，比照着最大规格的手机屏幕来设计开本，希望读者携带方便，可以随时取出阅读。

书籍的具体开本尺寸是由全开纸切成的幅面相等的纸的张数确定的，常见的全开纸规格尺寸有两种：787mm×1092mm（正度纸）和889mm×1194mm（大度纸），如图 3.92、表 3-1 所示。由于全开纸的尺寸规格不同，分为正度纸和大度纸，所以开本一般分为正度开本和大度开本。

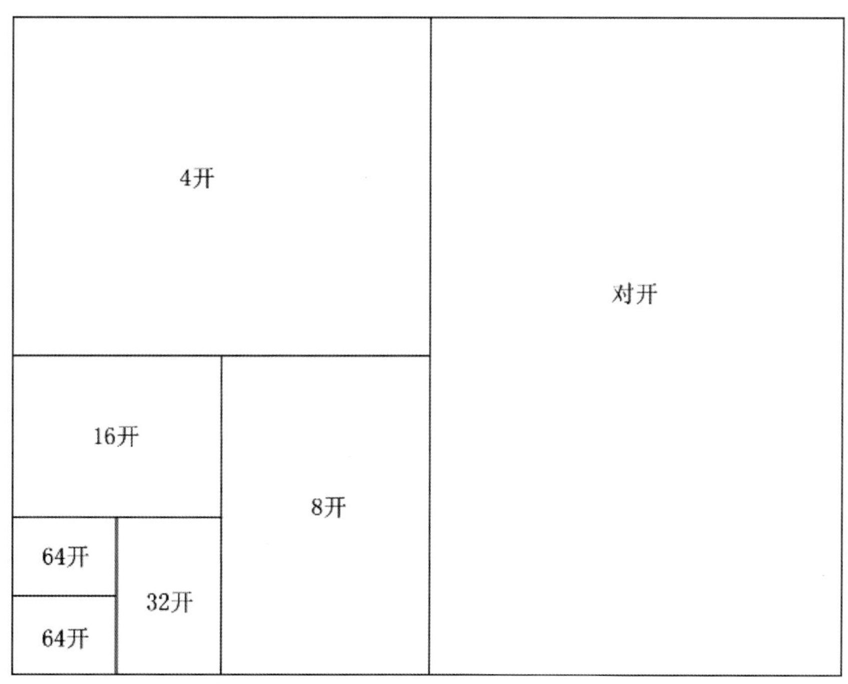


图 3.92　纸张开型示意图

表 3-1　书籍的常见开本尺寸

| 开本 | 正度纸 /mm 787×1092 | 开本 | 大度纸 /mm 889×1194 |
|---|---|---|---|
| 对开 | 760×520 | 对开 | 870×575 |
| 4 开 | 380×520 | 4 开 | 420×575 |
| 6 开 | 380×350 | 6 开 | 420×380 |
| 8 开 | 260×370 | 8 开 | 285×420 |
| 12 开 | 250×260 | 12 开 | 285×285 |
| 16 开 | 185×260 | 16 开 | 210×285 |
| 32 开 | 130×185 | 32 开 | 140×210 |
| 64 开 | 90×130 | 64 开 | 105×140 |

蒋一帆同学选取了《中国文字史》的基本内容和《字游上海》的书籍名称，将两者结合确定了书籍主题"字游"。本书为 64 开的小型书，采用了经折装与旋风装相结合的装帧方式。设计者绘制了大尺寸的传统文化插画，意在表达"书画同源"的概念。书籍的开本虽小，但营造出"中国文字好像一叶扁舟畅游于历史长河之中"的阅读情境（如图 3.93 至图 3.95 所示）。

尹巧玲同学选择《北平旧事》进行书籍再设计，书籍开本尺寸为 32 开。设计者选择了 25 位作家所写的短文，绘制相关插图并重新设计版式。书籍整体设计概念是将书与明信片结合，表达了对北平的怀念（如图 3.96、图 3.97 所示）。

袁佳欣同学选择《山海经》进行书籍再设计，将《山海经》做成立体书的形式。书籍开本尺寸为 16 开，从原图选取到插画制作，从立体白膜小样的制作，到后期彩色图样和立体结构的结合，设计者逐步实验并不断调整，最终使《山海经》这部古籍呈现出具有丰富的造型结构和空间层次的立体观看方式（如图 3.98 至图 3.101 所示）。

黄今青同学选择《波比的宝宝》进行书籍再设计，书籍开本尺寸为大 16 开。书籍设计以《野蔷薇村的故事——波比的宝宝》为原本，保留了所有文字内容，根据原书中的插画用轻型黏土再创作所有角色及其生活环境，对原书的插图场景进行立体化、情境化的展示，丰富了该书的阅读情境（如图 3.102 至图 3.105 所示）。

图 3.93 《字游》整体设计 | 蒋一帆

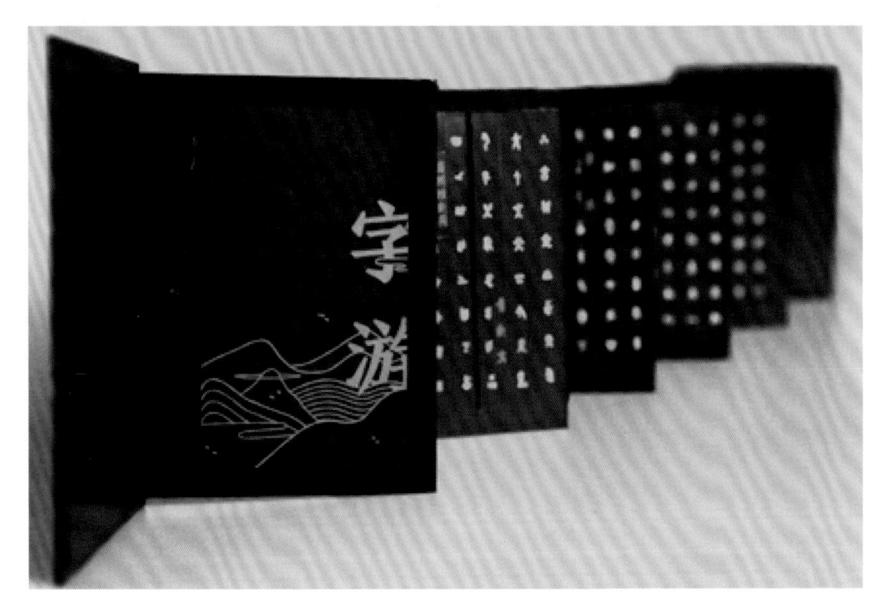


图 3.94 《字游》内页设计 1 | 蒋一帆

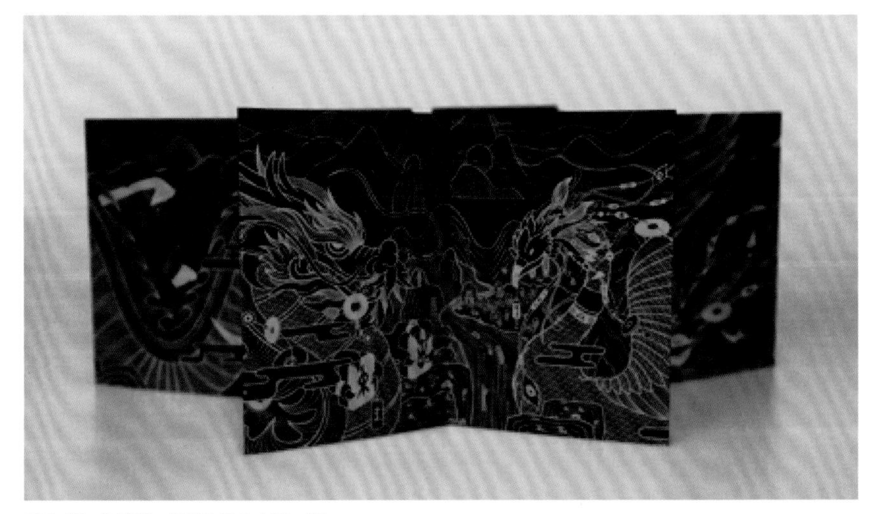

图 3.95 《字游》内页设计 2 | 蒋一帆

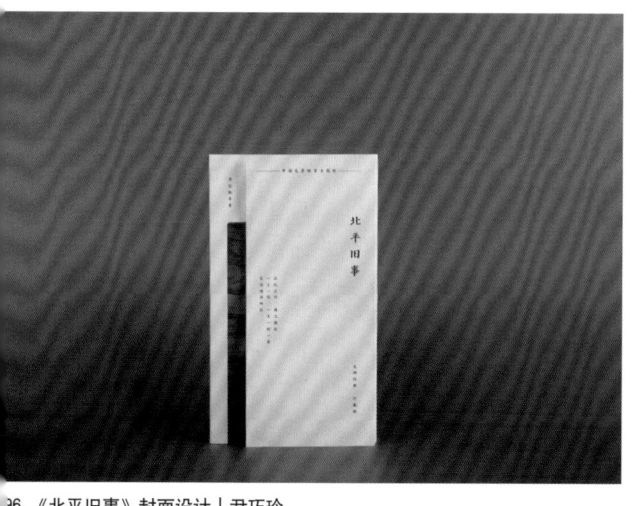


96 《北平旧事》封面设计 | 尹巧玲

图 3.97 《北平旧事》封底设计 | 尹巧玲

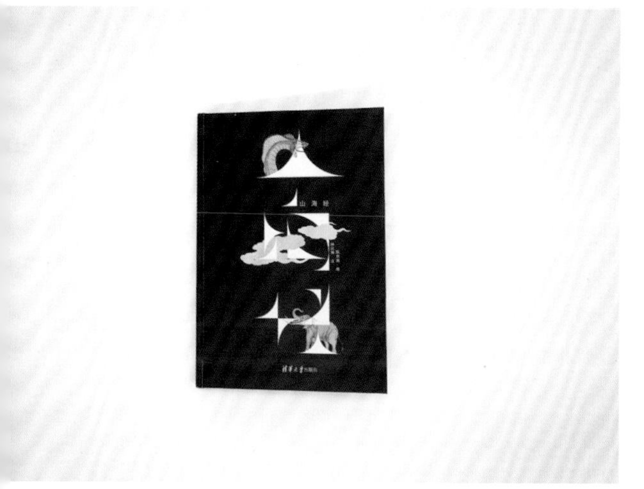

8 《山海经》封面设计 | 袁佳欣

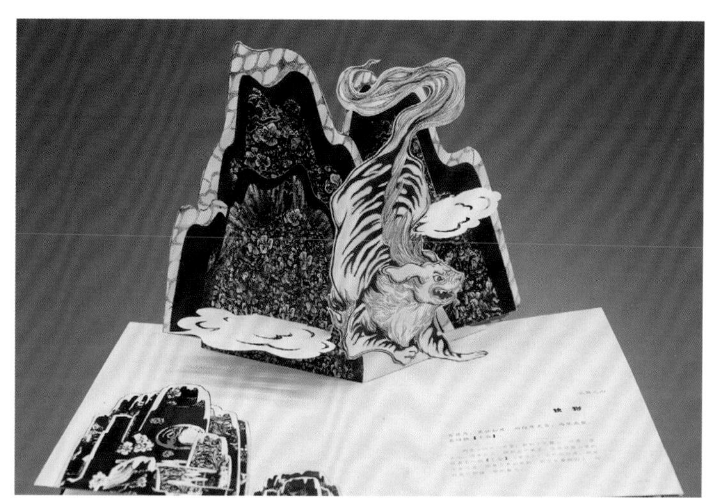

图 3.99 《山海经》内页设计 1 | 袁佳欣

0 《山海经》内页设计 2 | 袁佳欣

图 3.101 《山海经》内页设计 3 | 袁佳欣

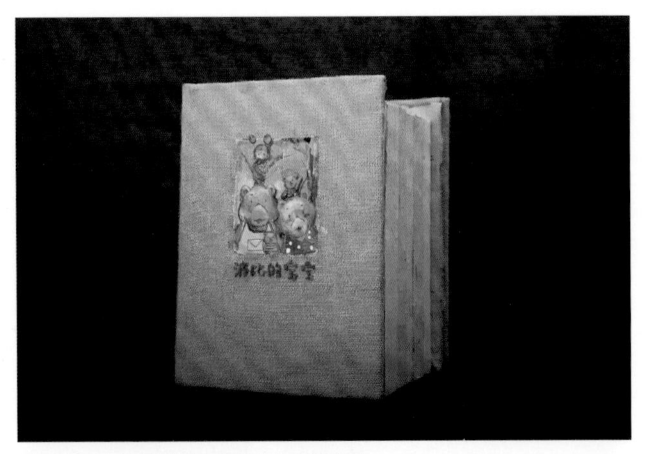


图 3.102 《波比的宝宝》整体设计 | 黄今青

图 3.103 《波比的宝宝》内页设计 1 | 黄今青

图 3.104 《波比的宝宝》内页设计 2 | 黄今青

图 3.105 《波比的宝宝》内页设计 3 | 黄今青

## 思考题

1. 书籍装帧就是选择一种装帧形态，然后将一张张打印好的彩页简单地装订在一起吗？
2. 中国古代书籍装帧艺术在发展过程中都经历过哪些不同的装帧形态？
3. 中国古代不同的书籍装帧形态分别适合承载哪些书籍内容？
4. 中国古代书籍装帧形态与当时的生产生活、阅读习惯、社会文化之间有着怎样的联系？
5. 中国古代书籍装帧形态呈现出哪些东方书卷所特有的情境？
6. 如今的书籍设计是如何传承与创新中国古代书籍设计装帧形态的？
7. 书籍设计装帧形态怎样体现书籍的整体设计概念？
8. 为什么说书籍开本给予读者第一空间尺度的视觉印象？
9. 书籍常见的开本尺寸有哪些？
10. 怎样根据书籍内容类别、书籍内容篇幅和书籍阅读功能来选择不同的开本尺寸？

# 第四章 书籍的文字与版面设计

本章重点强调文字在书籍设计中的重要性。文字是书籍设计中不可或缺的视觉表现元素，在书籍设计中发挥着不可估量的作用。文字担负着传播书籍文化的使命并承载着阅读情感，这使得书籍设计不仅传达了文本信息，而且使阅读走向艺术化。

文字是书籍版面最重要的组成部分，以不同层级的文字来填充书籍的版面，能产生丰富的版面视觉效果，并营造出良好的阅读情境。不管设计哪一类书籍，设计者都需要重视书籍的版面设计，特别是版面设计中的文字设计，因为这是书籍设计中最基础且最重要的部分。

## 一、书籍的文字设计

文字承载着书籍最基础的文化传播功能。党的二十大报告提出：“加大国家通用语言文字推广力度。”不论阅读何种类型的书籍，文字对于读者来说都是至关重要的。从书籍的封面到封底，各个页面中的文字扮演着不同的角色，传达着不同的阅读信息。

余秉楠先生（国际平面设计协会委员会副主席）曾经说过：“字要写好，很难，很辛苦，也很枯燥。但这是一切设计的基础，平面设计也好，书籍设计也好，最主要的还是写字，是最基本的。字如果不好看，整个设计也不好看。”在书籍设计中，字体或作为主角引领阅读，或作为配角介绍图片。在追求阅读多元化和阅读速度的今天，图文并茂是书籍设计的必然要求，字体设计更是在书籍设计中与图形、图像设计起着同样重要的作用。

### （一）文字的字体

字体大致分为排版字体、创意字体和书写字体。排版字体适合绝大多数类型的书籍，特别是内容类书籍；创意字体和书写字体一般都具有独特的个性，但识读性不如排版字体，不太适合文字量大的书籍的内文，有时

方正书宋（1986年）

方正小标宋（1986年）

方正大标宋（1986年）

方正宋三（1994年）

方正粗宋（1996年）

方正兰亭宋（2003年）

方正博雅宋（2004年）

方正风雅宋（2008年）

方正新书宋（2010年）

方正清刻本悦宋（2010年）

方正颜宋（2014年）

方正粗金陵（2016年）

方正仿宋（1986年）

方正古仿（2015年）

方正刻本仿宋（2015年）

方正聚珍新仿（2017年）

图 4.1 方正字库中宋体字的部分展示

会被用于书籍封面。无论是进行文字设计，还是从字库中选择字体，都需要清楚文字最终呈现于书籍这个载体。有的字体适合呈现于书籍，有的字体则适合呈现于广告牌、包装纸、标志物、影视剧等。还有一些新字体是专为满足屏幕阅读需求而设计的，这一类新的排版字体也大多适用于传统印刷媒介。书籍设计选择的字体不仅应适合传播媒介，而且应与书籍的主题内容和设计理念相统一，要选择那些与书籍整体编辑策划和书籍整体设计相匹配的字体。

**1. 排版字体**

排版字体主要指的是宋体、黑体、仿宋、楷体、隶体、混合体。近代以来，“宋、黑、仿、楷”并称为汉字四大印刷字体。楷体和隶体是在楷书和隶书的基础上发展而来的印刷字体。混合体指的是宋体、黑体、仿宋、楷体这几种排版字体的混合。

（1）宋体

宋体起源于宋代，在明代被广泛使用。宋体字来源于中国的书法艺术和雕版印刷术。宋体字既继承了中国书法的精髓，又率先引领汉字走向规范化、程式化，是最能体现华夏民族文化特征的字体，也是使用历史最长、应用范围最广的一款印刷字体（如图 4.1 所示）。宋体字横平竖直，

方正黑体（1986年）

方正大黑（1986年）

方正细黑一（1990年）

方正准圆（1990年）

方正平黑（1992年）

方正粗黑（1993年）

方正超粗黑（1993年）

方正韵动中黑（2006年）

方正兰亭黑（2006年）

方正正黑（2010年）

方正粗等线（2012年）

方正俊黑（2014年）

方正兰亭圆（2015年）

方正悠黑（2015年）

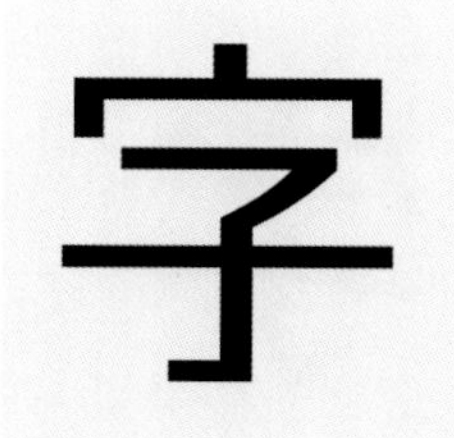
方正锐正黑（2016年）

方正德赛黑（2017年）

**图 4.2　方正字库中黑体字的部分展示**

起落笔有棱有角，字形方正，笔画硬挺。在书籍设计中，宋体字是最常用的内文排版字体，可使版面规则、整齐，便于阅读。以宋体为基础还发展出许多宋体的变体和宋体字族的字体，如书宋、标宋、粗宋、雅宋、颜宋等。设计者可以根据书籍主题和书籍设计创意理念，选择不同的宋体字族字体。

（2）黑体

黑体又称等线体，是19世纪末在西方无衬线字体的影响下产生的一种字体。黑体的结构严谨庄重，笔形简洁醒目，没有像宋体字那样对笔画的起止转折予以修饰，富有现代感。限于印刷工艺，黑体在铅字时代一般作为书籍排版的标题用字，但随着现代印刷技术的发展，笔形细的黑体有时也会作为书籍的正文用字。在数字化时代，黑体因其均匀的笔形特征被广泛应用于电子屏幕。黑体也发展出许多变体和黑体字族的字体，如大黑、粗黑、中黑、正黑、俊黑、悠黑等。黑体字族也有丰富的字体供不同类型的文本使用（如图4.2所示）。

方正仿宋（1986年）

方正古仿（2015年）

方正刻本仿宋（2015年）

方正聚珍新仿（2017年）

图4.3　方正字库中仿宋字的部分展示

方正楷体（1986年）

方正北魏楷书（2002年）

方正新楷体（2010年）

方正宋刻本秀楷（2010年）

方正新楷体（2010年）

方正粗楷（2012年）

方正大魏体（2012年）

方正榜书楷（2014年）

方正萤雪（2016年）

方正龙爪（2016年）

方正盛世楷书（2016年）

图4.4　方正字库中楷体字的部分展示

（3）仿宋

仿宋体也是一种很常用的排版字体，是仿照宋版书字体得来的。该字体笔画较细，横竖笔粗细接近，略强调笔画的起止转折，字形略取斜势，笔法锐利，结构紧密（如图 4.3 所示）。适合诗歌、散文和短文的正文排版，也常用于排序言、后记和注文。

（4）楷体

印刷字体中的楷体是以楷书为基础形成的，字形古朴高雅，与手写体相似，和谐而有韵味（如图 4.4 所示）。楷体可以用作书籍正文的字体，适合承载诗歌、小说、散文等内容。大字号的楷体还可以用于书籍标题和书籍封面。

（5）隶体

隶体是隶书经规范而产生的字体，字形质朴雄劲、典雅庄重（如图 4.5 所示）。在书籍设计中，隶体适用于书籍封面，也适用于经典古籍的正文。

（6）混合体

混合体指的是宋体、黑体、仿宋、楷体这几种排版字体的混合。随着技术的发展和传播媒介的更新，各类字体经融合或变化发展出如“宋黑仿楷”等兼有多种字体特征，并具有良好排印特性的新字体（如图 4.6 所示）。

**2. 创意字体**

创意字体的汉字笔画和结构形态能使读者获得新颖的视觉体验，相对于排版字体的温和中性，更富有个性和装饰意味，一般适用于书籍封面中的文字（如图 4.7 所示）。

**3. 书写字体**

书写字体是书写者才情的流露，具有很强的个性（如图 4.8 所示），一般适用于具有特定主题内容的书籍的封面和正文。

### （二）文字的字号

印刷文字的字号规定标准主要为号数制和点数制，尺寸规格以正方形

方正隶书（1986年）

方正隶变（1990年）

方正华隶（1999年）

方正铁筋隶书（2002年）

图 4.5　方正字库中隶体字的部分展示

方正姚体（1986年）

方正宋黑（1992年）

方正美黑（1994年）

方正粗黑宋（2006年）

方正秉楠圆宋（2015年）

方正跃进体（2016年）

方正黑隶（2016年）

方正风雅楷宋（2017年）

图 4.6　方正字库中混合体字的部分展示

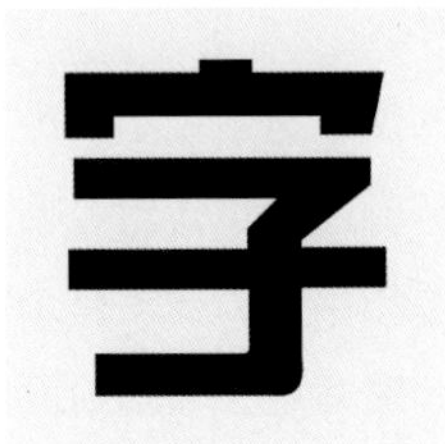
方正综艺体（1990年）

方正少儿（1999年）

方正稚艺（1999年）

方正胖娃（1999年）

方正卡通（2001年）

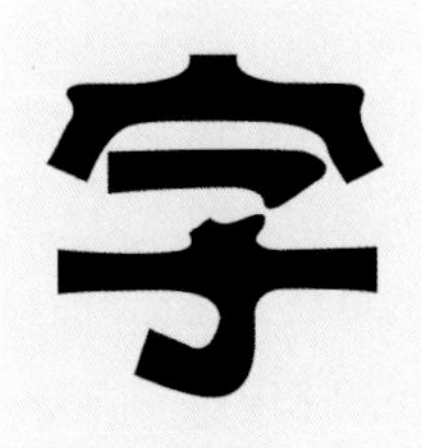
方正水黑（2001年）

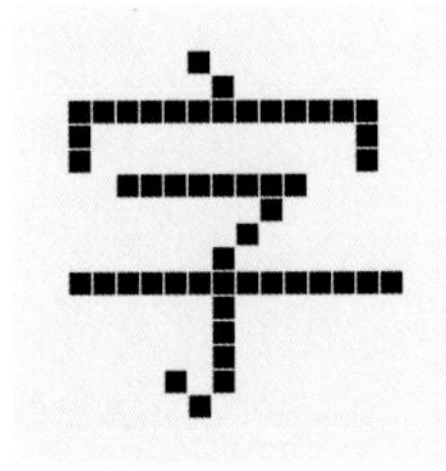
方正像素15（2009年）

方正淘乐（2011年）

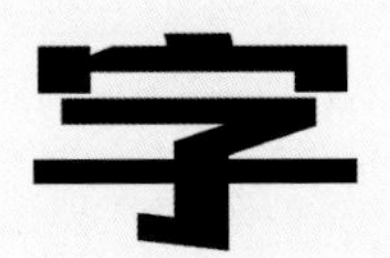
方正雪炜锐锋（2017年）

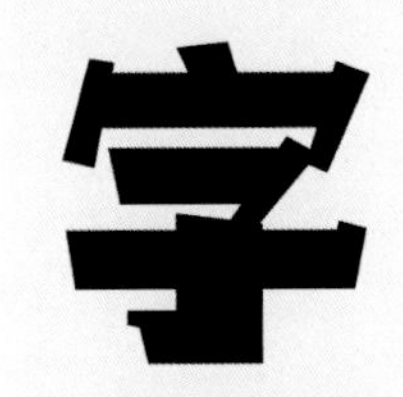
方正趣黑（2017年）

方正盈利（2017年）

方正彩源（2017年）

**图 4.7 方正字库中常用的创意字体**

方正硬笔楷书（2001年）

方正静蕾体（2010年）

方正字迹一童体硬笔（2009年）

方正字迹一曾柏求硬笔（2016年）

方正启体（2001年）

方正字迹一童体毛笔（2009年）

方正字迹一仿欧（2016年）

方正字迹一仿颜（2016年）

**图 4.8 方正字库中书写字体的部分展示**

的汉字为准。号数制是以互不成倍数的几种活字为标准，字号的标称数越小，字号就越大。号数制的特点是用起来简单、方便，使用时指定字号即可。点数制是一种国际上通行的计量方法，以字外形的“点”值为衡量标准。“点”是传统的计量字号的单位，是从英文“point”音译而来的。

在书籍设计中，设计者一般参照字磅表中字号点数对应的实际字号大小来选择字体的字号（如图 4.9、图 4.10 所示）。字号的选择，需要考虑书籍的开本尺寸、书籍的封面及内页的篇章结构、文本内容等因素。当书籍版式需要呈现不同层次关系的时

| | |
|---|---|
| 5pt | 营造阅读情境 |
| 6pt | 营造阅读情境 |
| 7pt | 营造阅读情境 |
| 8pt | 营造阅读情境 |
| 9pt | 营造阅读情境 |
| 10pt | 营造阅读情境 |
| 11pt | 营造阅读情境 |
| 12pt | 营造阅读情境 |
| 14pt | 营造阅读情境 |
| 18pt | 营造阅读情境 |
| 20pt | 营造阅读情境 |
| 22pt | 营造阅读情境 |
| 24pt | 营造阅读情境 |
| 26pt | 营造阅读情境 |
| 28pt | 营造阅读情境 |
| 30pt | 营造阅读情境 |
| 32pt | 营造阅读情境 |
| 34pt | 营造阅读情境 |
| 36pt | 营造阅读情境 |
| 38pt | 营造阅读情境 |
| 40pt | 营造阅读情境 |
| 48pt | 营造阅读情境 |
| 60pt | 营造阅读情境 |
| 72pt | 营造阅读情境 |

图 4.9　方正新书宋字磅表

5pt 营造阅读情境
6pt 营造阅读情境
7pt 营造阅读情境
8pt 营造阅读情境
9pt 营造阅读情境
10pt 营造阅读情境
11pt 营造阅读情境
12pt 营造阅读情境
14pt 营造阅读情境
18pt 营造阅读情境
20pt 营造阅读情境
22pt 营造阅读情境
24pt 营造阅读情境
26pt 营造阅读情境
28pt 营造阅读情境
30pt 营造阅读情境
32pt 营造阅读情境
34pt 营造阅读情境
36pt 营造阅读情境
38pt 营造阅读情境
40pt 营造阅读情境
48pt 营造阅读情境
60pt 营造阅读情境
72pt 营造阅读情境

图 4.10 方正兰亭黑字磅表

候，可以通过选择不同的字号区分标题、正文及注释，这样能清晰表现书籍版式的信息层次。字号能决定版面的层次关系，字号大的文字更能吸引读者的注意，但并不是字号越大越好，在版式设计中，字号应该视版面信息的传达要求而定。

书籍文本中的注释内容一般采用较小的字号，比较常用的是 6 ～ 8 点的字号。书籍的正文文字需要清晰易读，字号一般在 9 ～ 14 点。书籍的封面字号一般会比正文字号大一些，以突出书籍封面中的书名等重要信息。在选择字号的过程中，要以便于读者阅读为基本原则。还要参照书籍的类别和读者群的阅读要求，如对于少儿读者和老年读者来说，书籍内容的字号要大一些；如果读者群以中青年人为主，那么书籍封面上的文字也可以不采用大字号。

### （三）文字字体和字号的适用

在进行书籍设计的过程中，书籍正文中的文本内容通常较多，读者需要通过清晰易读的印刷字体来识读文本。因此，设计者需要在计算机字库中挑选出既符合书籍主题和内容，又能够展现书籍的整体设计概念，还能照顾读者阅读感受的正文印刷字体。

设计者在选择书籍的封面用字时，除了采用计算机字库中的印刷字体，还会采用设计字体，以探索更多的可能性。在进行字体设计的时候，一般会用到以下 5 种设计方法：从传统书法碑帖入手，原汁原味地还原或对原作进行再创作（再设计）；从成功的中文字体或 LOGO 字体中汲取营养进行创作；从西文字体中寻找灵感，创作与之形式或风格类似的字体；挖掘中国老式美术字的优秀元素，如民国字体，推陈出新；从生活中寻找可以借鉴的视觉元素来设计字体的笔形或结构。

在书籍设计作品中，书籍封面中的字体是设计者对书籍整体设计概念的重要表达。设计者经常会根据书籍的文本内容和设计理念，为书名单独设计一款独特的字体。正是这些独特的封面字体及其背后隐含的书籍整体设计概念，吸引读者开启了阅读历程。

这本《自行车之歌》是李雪琦同学对骑行路上见闻的记载，书籍封面的主要视觉形象是一辆自行车、一条由线隐喻的路、几株仙人掌及设计者设计的书名“自行车之歌”。该封面的文字和图形搭配和谐，表现出设计者对骑行过程的享受及从中获得的独特的生活体验（如图 4.11 至图 4.13 所示）。

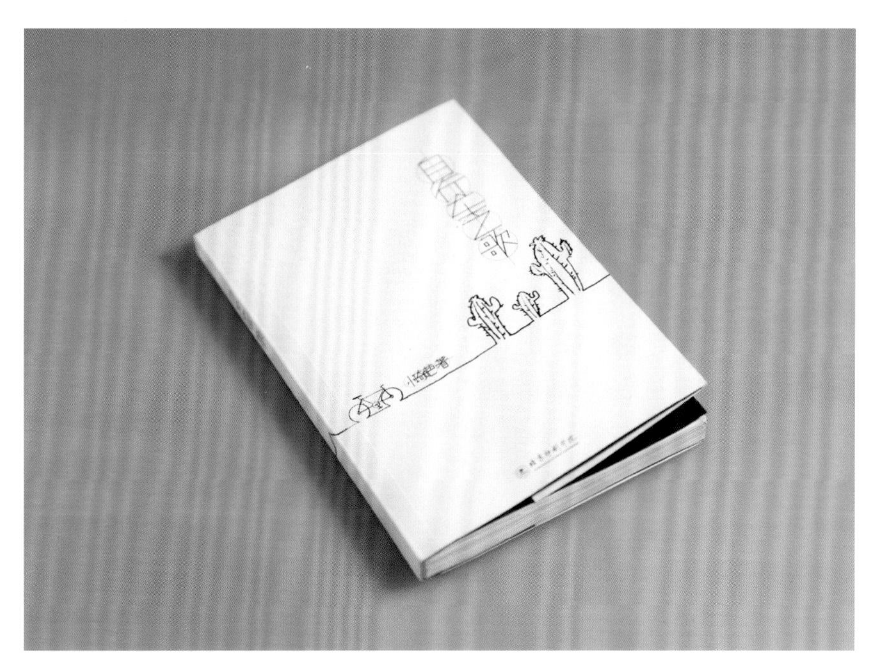

图 4.11 《自行车之歌》封面设计丨李雪琦

图 4.12 《自行车之歌》内页设计 1 丨李雪琦

图 4.13 《自行车之歌》内页设计 2 | 李雪琦

张熙哲的设计作品《敖特尔》选择蒙古族的发源历史、神话、文字、服饰、乐器为表现内容。蒙古语“敖特尔”意为“游牧时逐水草而迁徙的地方”，展现了蒙古族逐水草而居的游牧生活。插画、图形与文字相结合的版面设计展现了蒙古族的民族文化和民族特色（如图 4.14 至图 4.16 所示）。

《碎碎念》以父母对孩子的唠叨为主题，父母温暖的话语成为唠叨后会让孩子烦恼，但这些叮咛流露出父母对孩子的关爱。张雨桐同学将书籍设计成子母书的形式，营造

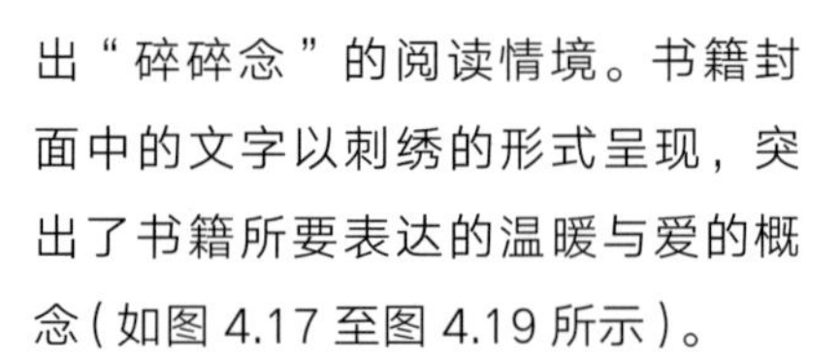

出“碎碎念”的阅读情境。书籍封面中的文字以刺绣的形式呈现，突出了书籍所要表达的温暖与爱的概念（如图 4.17 至图 4.19 所示）。

张广辛同学的书籍设计作品《谎言》展现了人物谎言背后的心理活动，他们或因害怕而说谎，或因善意而说谎。在书籍封面和书籍函套的设计中，设计者通过拆分、重叠书名“谎”和“言”两个字，让读者从视觉上感受到说谎者说谎时的紧张心情，也间接地表现出人们在难以分辨谎言时内心的模糊感（如图 4.20 至图 4.22 所示）。

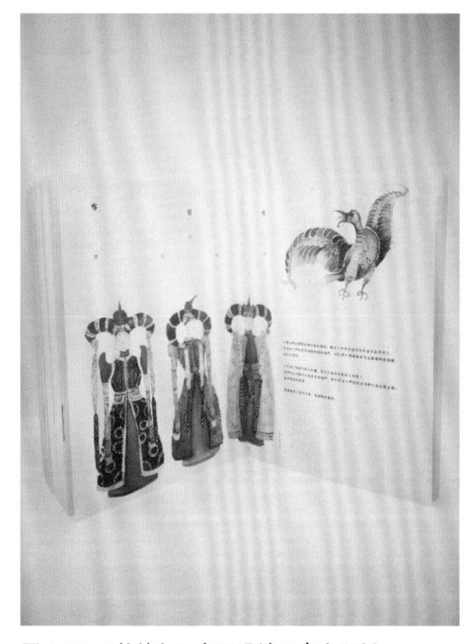

图 4.14 《敖特尔》内页设计 1 | 张熙哲

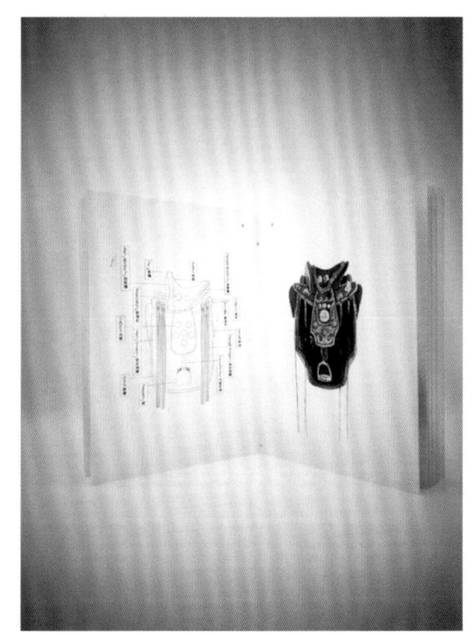

图 4.15 《敖特尔》内页设计 2 | 张熙哲

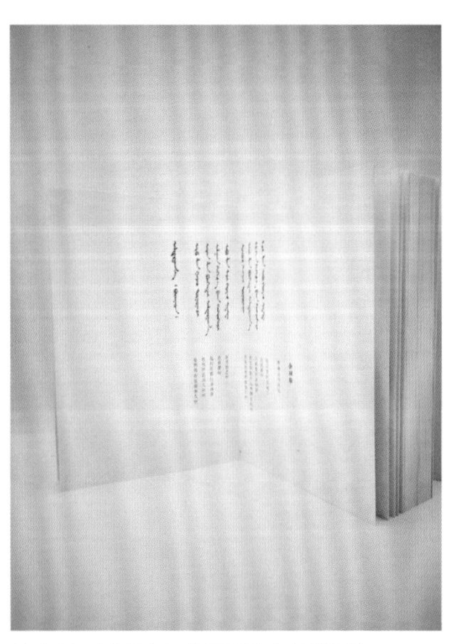

图 4.16 《敖特尔》内页设计 3 | 张熙哲

【《敖特尔》
张熙哲】

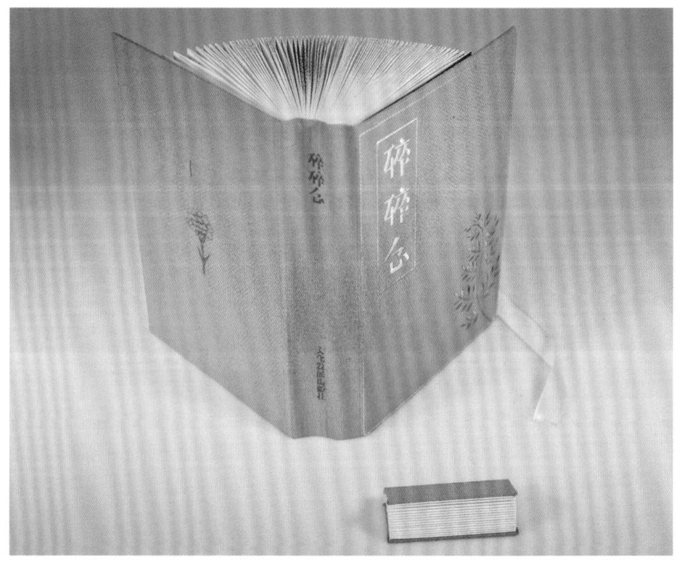


图 4.17 《碎碎念》整体设计 1 | 张雨桐

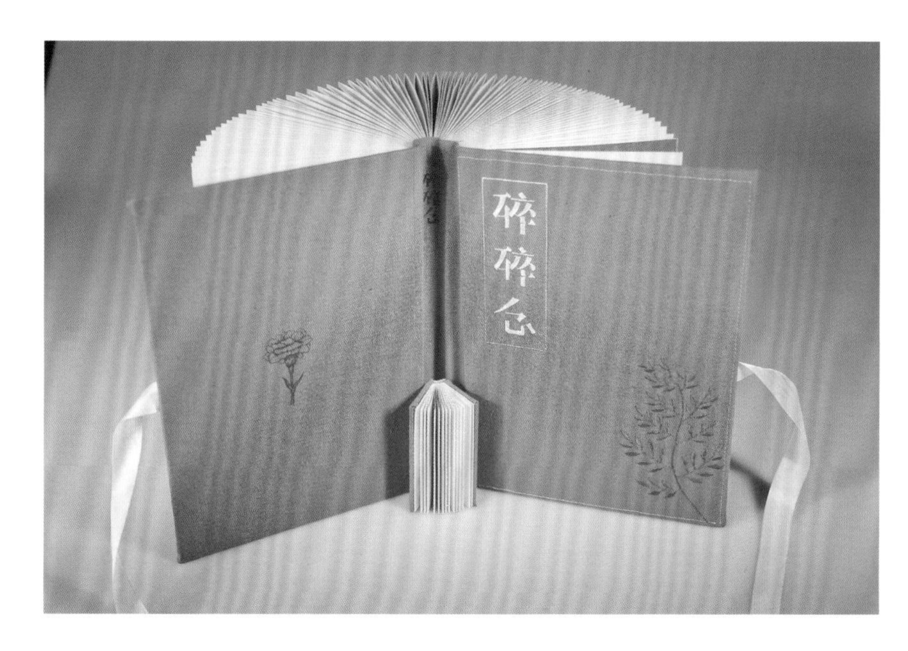

【《碎碎念》
张雨桐】

图 4.18 《碎碎念》整体设计 2 | 张雨桐

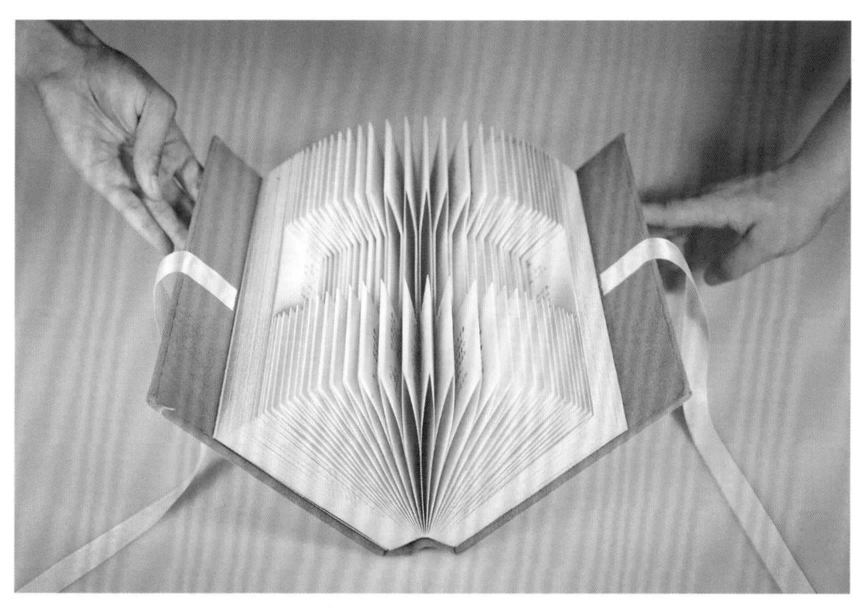

图 4.19 《碎碎念》整体设计 3 | 张雨桐

图 4.20 《谎言》封面设计 1 | 张广辛

图 4.21 《谎言》封面设计 2 | 张广辛

图 4.22 《谎言》封底设计 | 张广辛

梁紫薇同学的书籍设计作品《远去的人》记录了父亲患上阿尔茨海默病及病情恶化的过程。书籍视觉化地呈现了阿尔茨海默病，也就是常说的"老年痴呆症"，这是一种在短时间内能轻易夺走患者所有记忆的病症。书籍护封和书籍封面中的文字都采用了缺失的笔形，表现出患者因病痛而发生的变化（如图 4.23 至图 4.27 所示）。

汪裕欣同学的书籍设计作品《摊摊书》聚焦重庆地摊，表现了山城的地域风情和独特的地摊文化。设计者将纸做成立体结构，表现了山城的起伏地势和依城而建的地摊的丰富层次；将摄影作品解构，与文字组合排版，探索传统风格与现代风格并行的设计语言。在书籍封面的设计上，提取编织袋元素，用丝网印刷的方式突出书名。书籍内页也设计了很多地摊中的标签文字，进一步从视觉上展现地摊的风貌，传递出地摊的人间烟火气（如图 4.28 至图 4.32 所示）。

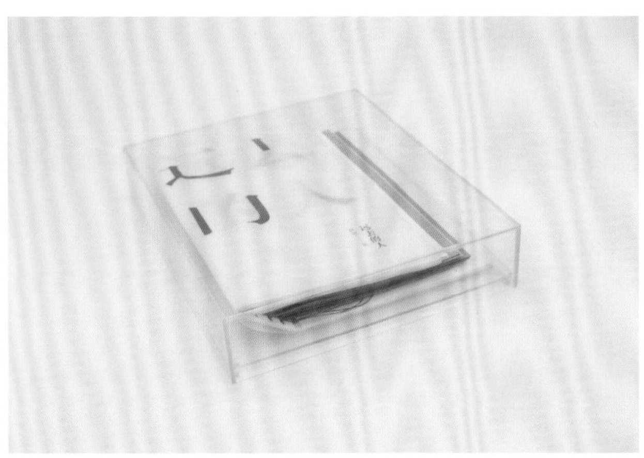

图 4.23 《远去的人》整体设计 | 梁紫薇

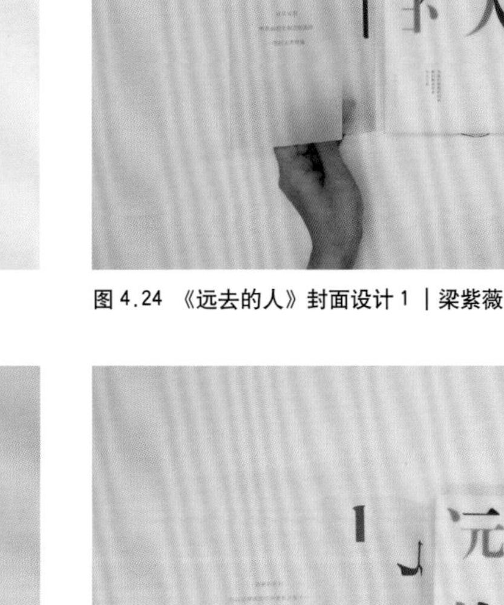

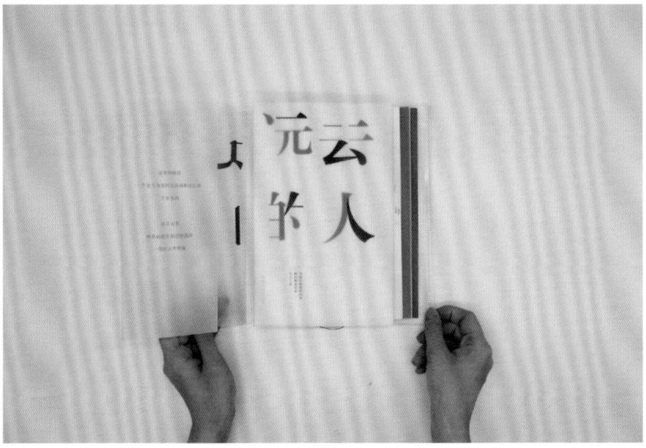

图 4.24 《远去的人》封面设计 1 | 梁紫薇

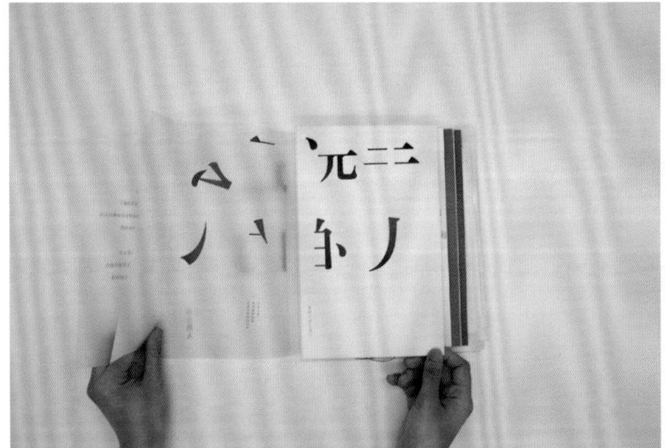

图 4.25 《远去的人》封面设计 2 | 梁紫薇

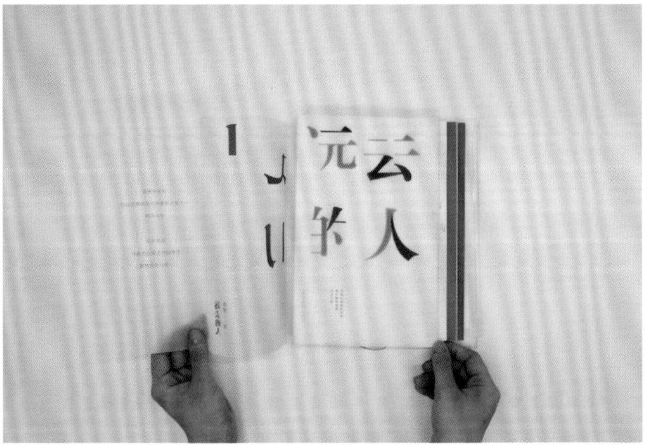

图 4.26 《远去的人》封面设计 3 | 梁紫薇

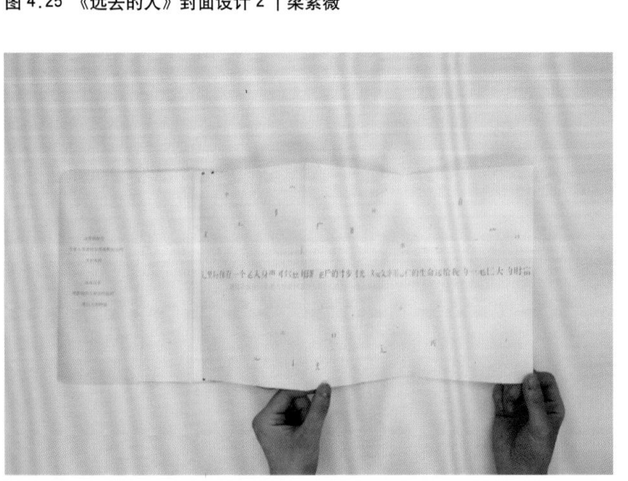

图 4.27 《远去的人》环衬页设计 | 梁紫薇

图 4.28 《摊摊书》整体设计 | 汪裕欣

图 4.29 《摊摊书》内页设计 1 | 汪裕欣

图 4.30 《摊摊书》内页设计 2 | 汪裕欣

图 4.31 《摊摊书》内页设计 3 | 汪裕欣

图 4.32 《摊摊书》内页设计 4 | 汪裕欣

【《摊摊书》
汪裕欣】

## 二、书籍的版面设计

书籍的版面设计是指在书籍有限的开本尺度内编排限定的书籍内容。设计者进行专业的视觉流程的安排和布局，以提高读者的阅读效率和丰富读者的阅读感受为目标。利用版面的设计层次分割内容的主次关系，达到清晰地展现书籍内容、营造良好的书籍阅读情境的整体设计效果。

在版面设计中，版面结构、文字内容和图片素材是最重要的元素。其中，版面结构是连接文字内容和图片素材的关键。从书籍整体设计角度来看，版面结构也是书籍设计中很重要的一部分，只有独特的版面结构才能支撑书籍设计的整体创意，营造书籍的整体阅读情境。

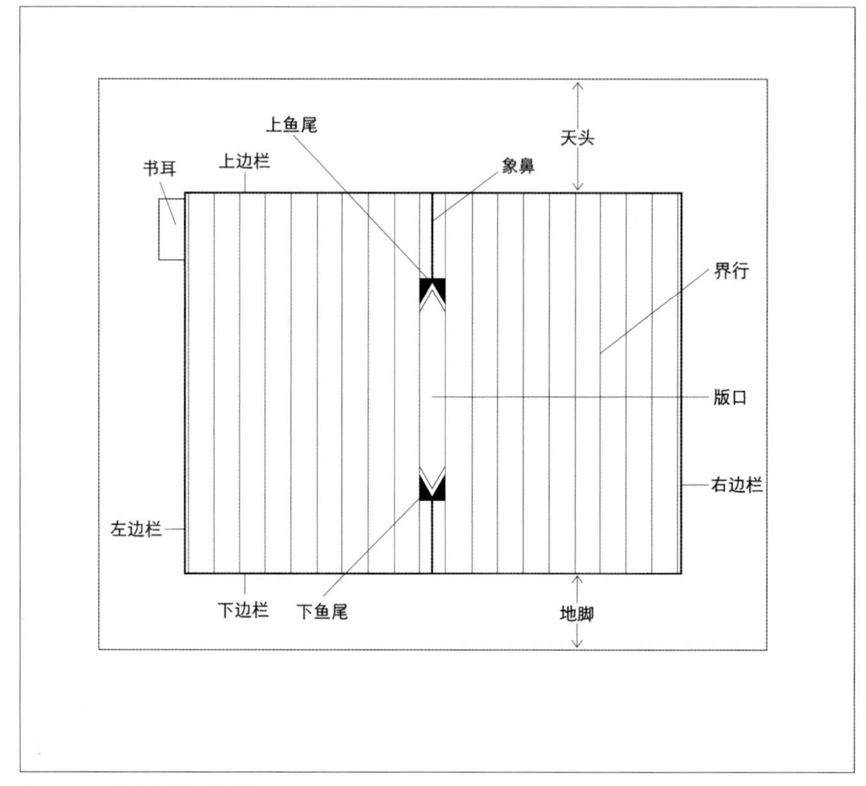


图 4.33　中国古代雕版书页的基本样式

### （一）书籍的版心

书籍的版心是对书籍对页版面空间的划分，版心的划分方便书口的裁边，利于区分、排列书籍的主要内容和次要内容。中国古籍的版心由中国古代雕版书页的基本样式发展而来，中国古代雕版印刷的版式充满东方文化的韵味，并且体现出中国传统以线为分割和以线做造型的版面风格特征（如图 4.33 所示）。西方典籍的版心划分则来源于数学的理性思维，以数之间的和谐比例关系为基本分割标准，形成以块面单元格为主的版面构成方式，并且衍生出多种丰富的组合（如图 4.34 所示）。中国古籍的版心和西方典籍的版心主要有以下区别：中国古籍的版心中的文字是竖排的，而西方典籍的版心中的文字是横排的；中国古籍的版心的

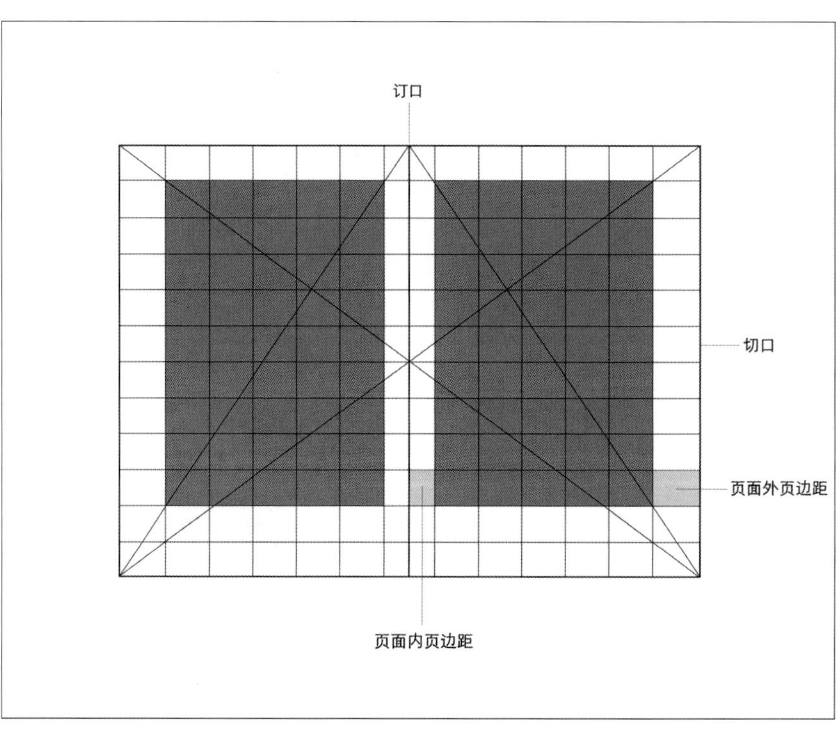


图 4.34　西方典籍中对称式书页的基本样式

天头空白多，地脚留白少，而西方典籍的版心的天头空白少，地脚留白多；中国古籍的版心的书口在左，书脊在右，而西方典籍的版心的书口在右，书脊在左。

在当代书籍设计中，出现了横竖混排的版面设计。这样的排版方式提升了版式设计文化的多样性，丰富了读者的阅读体验。

### （二）书籍的网格结构

在开始书籍版面设计之前，设计者通常会梳理并反复阅读书籍的文字内容和图片素材，去了解书籍的内容分类。看它是以文字为主的书还是以图片为主的书，或是文字与图片相结合的书。了解文字数量和图片数量，估算书籍的开本尺寸和整体页数；甚至需要了解图片数量和文字数量之间的比例关系，以及在整体页数中的大致分布情况。这些前期的工作，都会影响书籍版心的尺寸、栏数的划分及单元格和分栏的组合方式。

网格系统产生于 20 世纪初的西欧，完善于 50 年代的瑞士，被广泛应用于视觉传达设计、产品设计、建筑设计等领域。在视觉传达设计中，网格系统也是一种常用的版面设计方法，起源于需要混排大量图片的画册和杂志。网格系统的版面分隔多以横排文字为主，单元格和分栏的多种组合形式更能适应不同类型的书籍。如今的书籍版面设计既体现出以数的关系为主的科学划分体系，又体现出中国古籍版面的线型审美，不再单纯地追求网格设计单元格的块面视觉效果。

网格设计将文字内容和图片素材都看作版面中的点、线、面，用适当的网格结构组合，让这些看似抽象的点、线、面形成既相互联系又和谐有序的整体。因此，原本杂乱无章的文字内容和图片素材，能够在整书网格结构的统领下既统一又富于变化，给予读者良好的阅读体验。设计者在使用设计软件进行版面设计的时候，开启了网格结构中的各级参考线。书籍被印刷出成品之后，绝大多数网格参考线被隐藏或删除掉了。有的设计者将部分网格结构线做成了书籍的附录，以便于读者了解全书的视觉结构框架和设计者的思考过程。

#### 1. 单栏的网格划分

单栏网格，顾名思义，是指在版面中只分了一栏，这种结构在小说、散文、诗歌等书籍中较常见。这类书籍以文字内容为主，书籍设计需要提供流畅清晰的文字阅读版面。设计者需要对文字进行通栏的排列，在版心、字体、字号、字距、行距都设计好的前提下，把文字放入版面中，营造出连贯、统一的阅读情境。但设计者需要注意，读者长时间在这种通栏的版式下阅读，容易产生视觉疲劳。如果版心较大，一行文字较多，读者在阅读时会自动停顿休息，中断阅读。除此之外，在单栏的网格结构中，标题和正文的层级关系、页码、书眉都是版面设计中的重要环节，可以丰富版面中的阅读情境，调整读者的阅读的节奏。单栏网格在书籍版面中较为常见的形式是对称单栏网格，其特点是左右两边的单栏版式结构相同（如图 4.35 所示）。

毛宇涵同学的书籍设计作品《走在人生边上》以展现“现代老年人的生活状态和心理状态”为主题，书籍的开本随着老人生命的消逝而变小，寓意“走在人生边上”。考虑到老年阅读群体的阅读习惯，版面设计采用单栏网格，版面的视觉结构相对稳定，适合慢节奏阅读，可以让读者拥有沉浸式阅读体验（如图 4.36 至图 4.39 所示）。

王思遥同学的书籍设计作品《走神的艺术与科学》是一本关于脑科学的书籍，设计者的整体设计概念是让读者一边读这本讲述走神的书，一边体验思绪的游走，最终将游走的思绪具象化为游鱼，并使其贯穿全书。设

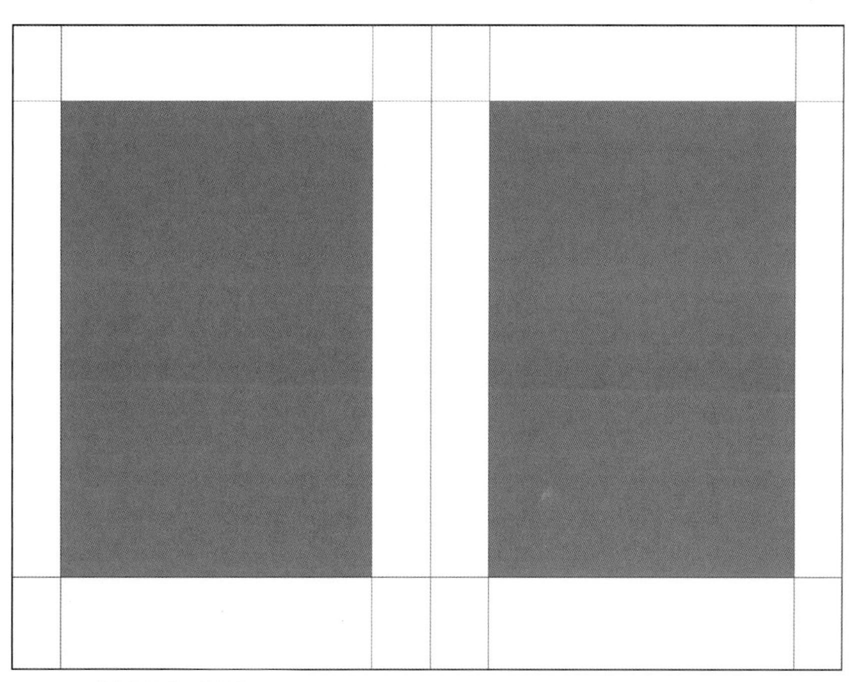

图 4.35　对称单栏的网格结构

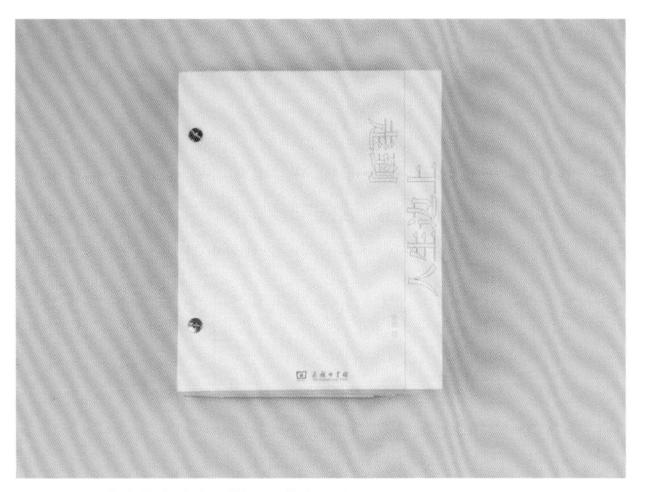

图 4.36 《走在人生边上》封面设计 | 毛宇涵

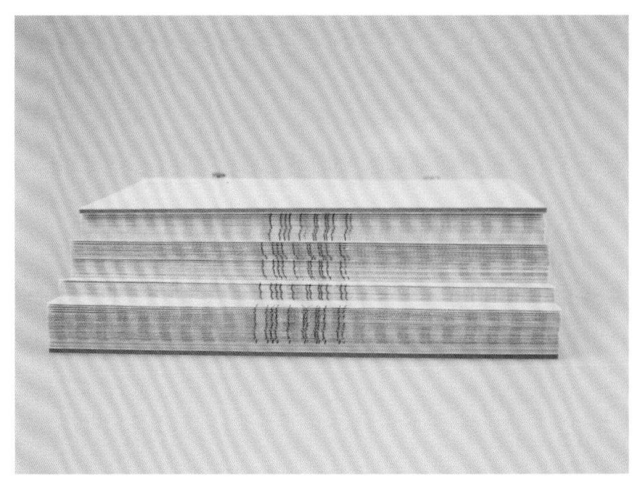

图 4.37 《走在人生边上》书口设计 | 毛宇涵

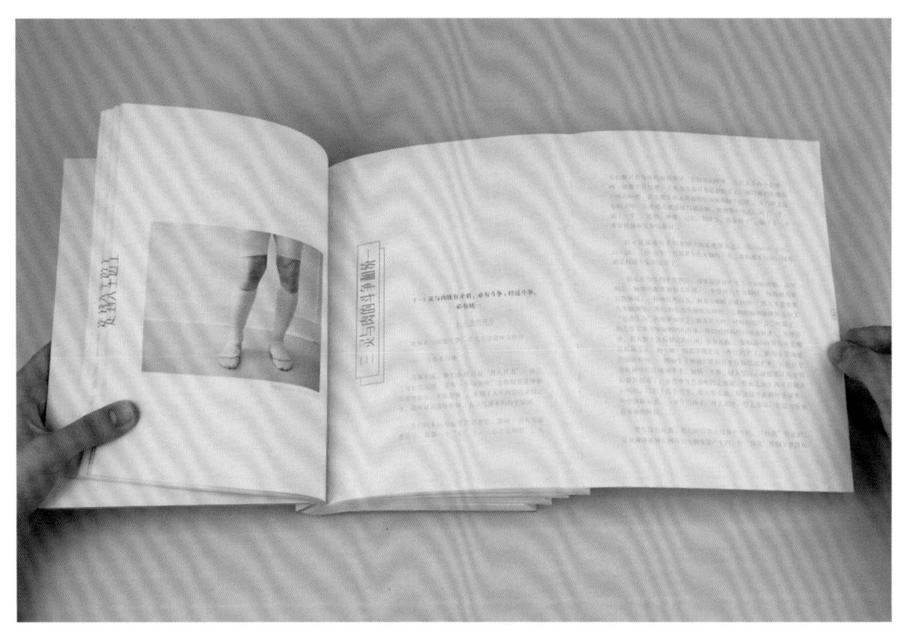

图 4.38 《走在人生边上》内页设计 1 | 毛宇涵

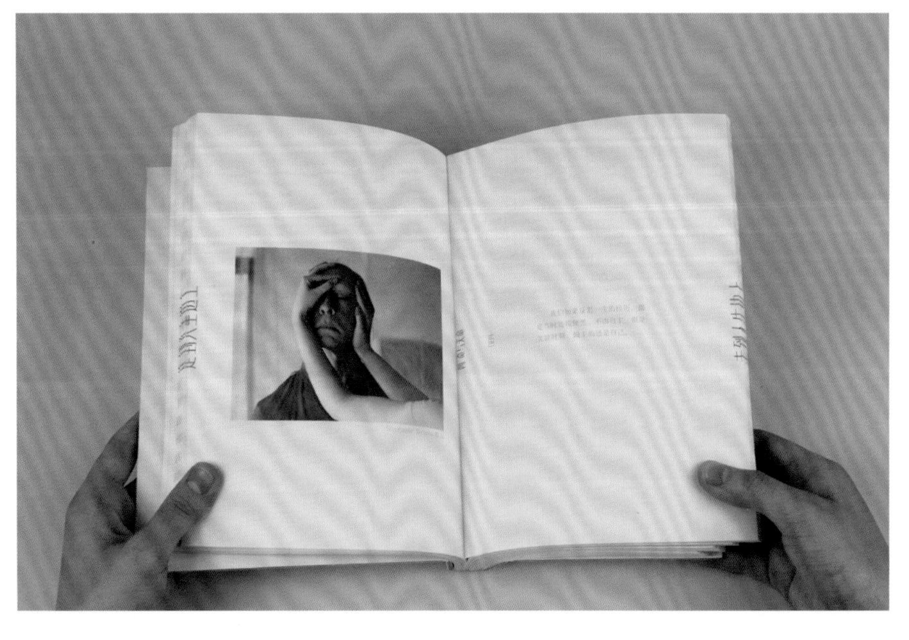

图 4.39 《走在人生边上》内页设计 2 | 毛宇涵

计者调研课堂 45 分钟内学生注意力的变化情况，将 45 分钟的课堂形象地转化为 225 页书，按照走神规律排列游鱼出现的页数。在游鱼出现的对页，页边切口是连接的，形成一个天然的拱形，为读者提供身临其境的走神体验。全书除了这些“走神页”外，剩余的部分全采用单栏的网格结构。游鱼形成的拱形结构和单栏的网格结构相组合，既体现出“走神的科学”这一主题，又丰富了纯文字阅读的视觉感受和书籍的整体阅读情境（如图 4.40 至图 4.42 所示）。

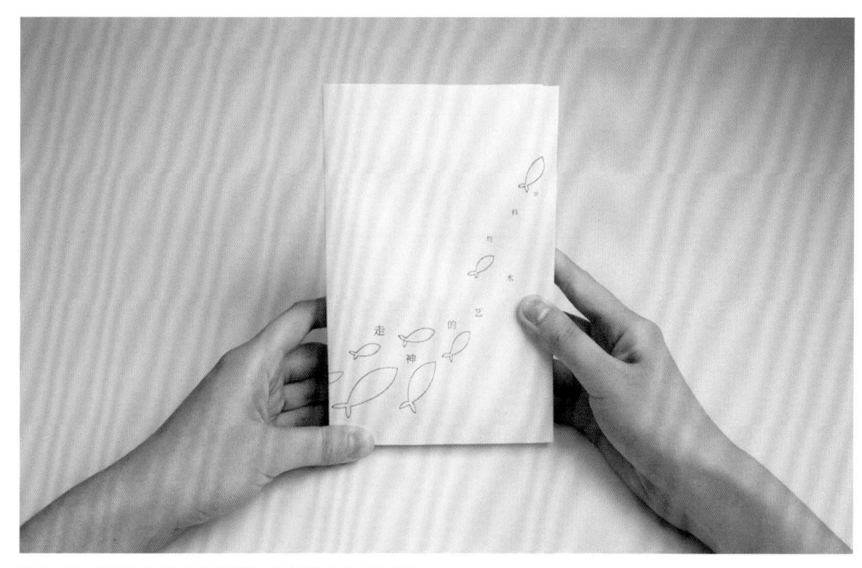

图 4.40 《走神的艺术与科学》护封设计 | 王思遥

图 4.41 《走神的艺术与科学》封面设计 | 王思遥

图 4.42 《走神的艺术与科学》内页设计 | 王思遥

《时间的针脚》是西班牙女作家玛丽亚·杜埃尼亚斯（María Dueñas）的小说，讲述的是主人公逃亡至摩洛哥并在第二次世界大战期间投身情报工作的故事。主人公是一名服装设计师，将所获得的情报信息通过摩尔斯电码翻译成短线和长线，并用针脚表现出来，缝在衣服的纸样上。梁逸菲同学以摩尔斯电码为设计切入点，将小说正文的文字转换为摩尔斯电码的图形符号，放置在行与行之间，再将服装设计的裁剪图转化为视觉元素，使版面中的单栏文字块状化地适应裁剪图的图形空间。这样一来，既增强了单栏文字的可读性，又营造了与隐蔽情报工作相契合的阅读情境（如图 4.43 至图 4.45 所示）。

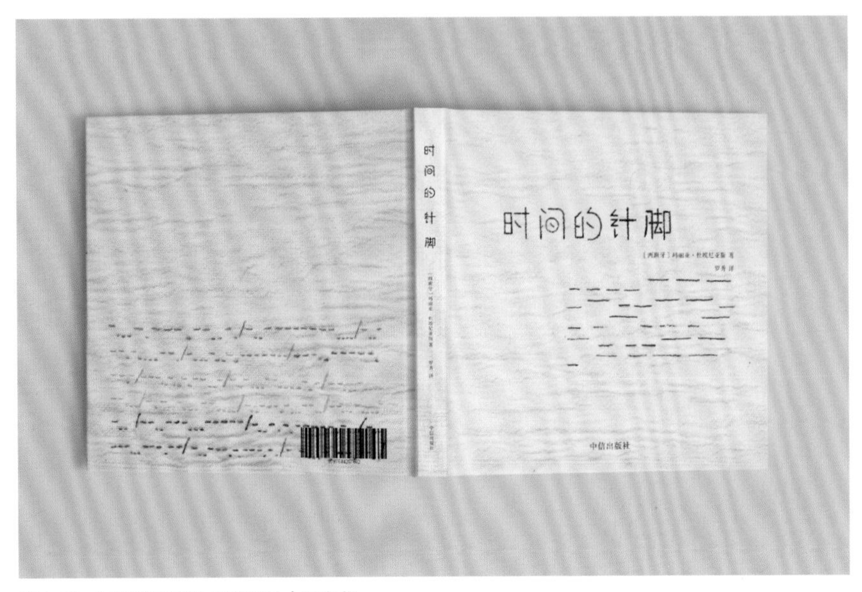


图 4.43 《时间的针脚》整体设计 | 梁逸菲

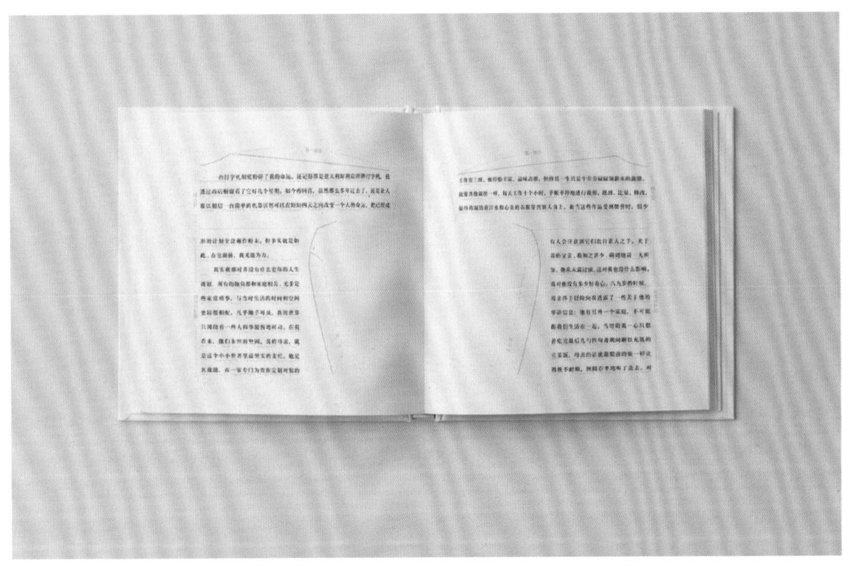

图 4.44 《时间的针脚》内页设计 1 | 梁逸菲

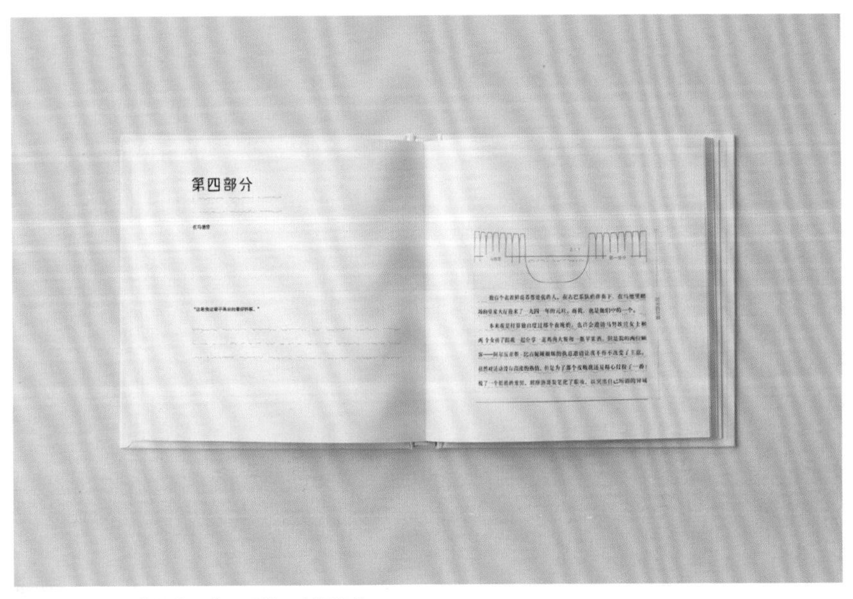


图 4.45 《时间的针脚》内页设计 2 | 梁逸菲

孙玉乐同学的书籍设计作品《破壁书：网络文化关键词》以“网络文化”为主题，解读了二次元文化、宅文化、网文、游戏等。书籍内页采用单栏的网格结构，尝试在阅读体验上将纸质阅读和屏幕阅读结合。书中介绍了 245 个网络文化关键词，讲述了网络文化的演变历程及其背后有趣的故事（如图 4.46 至图 4.48 所示）。

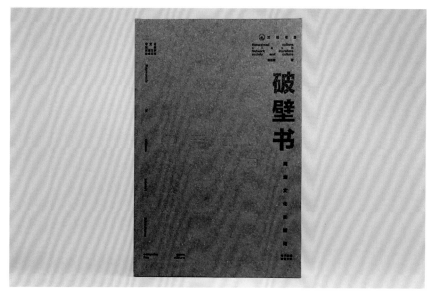


图 4.46 《破壁书：网络文化关键词》封面设计 | 孙玉乐

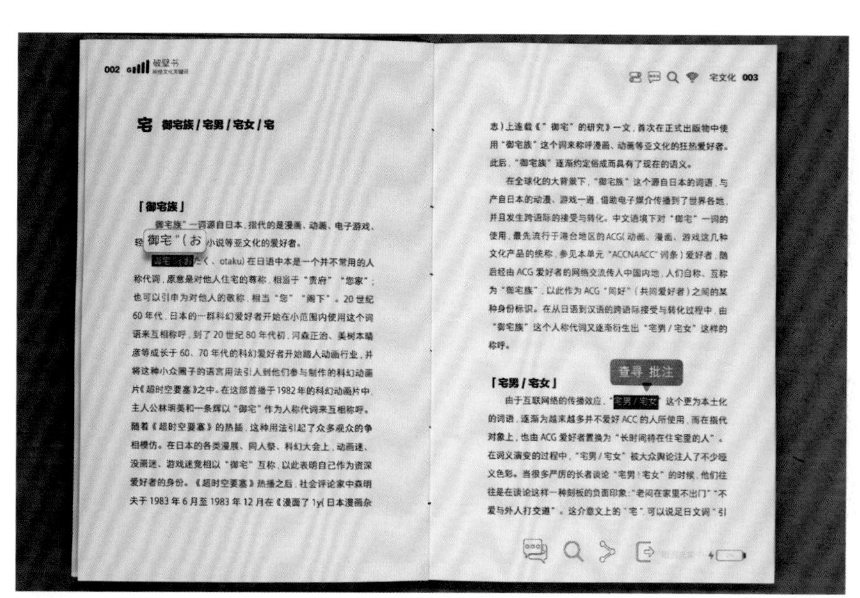


图 4.47 《破壁书：网络文化关键词》内页设计 1 | 孙玉乐

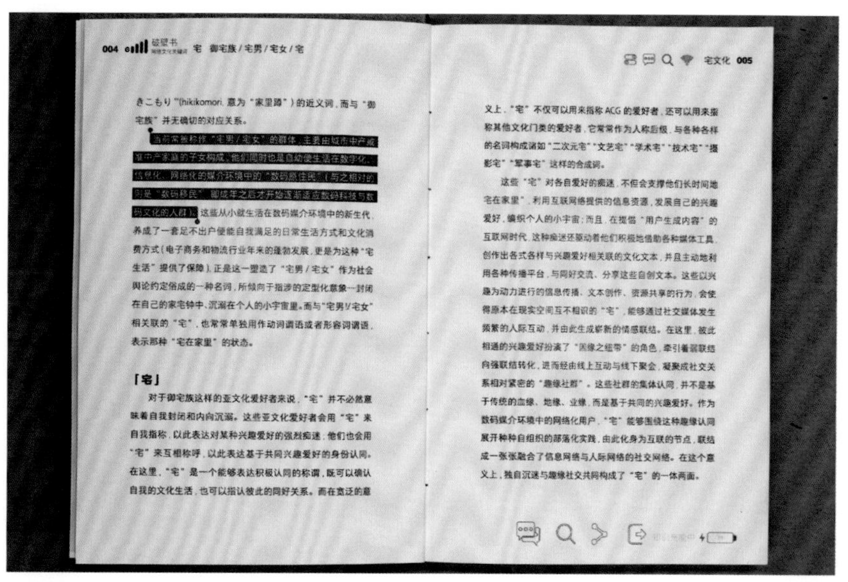


图 4.48 《破壁书：网络文化关键词》内页设计 2 | 孙玉乐

孙萌同学的书籍设计作品《织物》以“服装面料”为主题，以“曲线”为贯穿全书的“线索”。书籍封面用法国网纱和欧根纱混合缝制，既突出了书籍的主题，又呼应了书籍内页的曲线元素。书籍整体设计风格柔和而流畅（如图 4.49 至图 4.52 所示）。

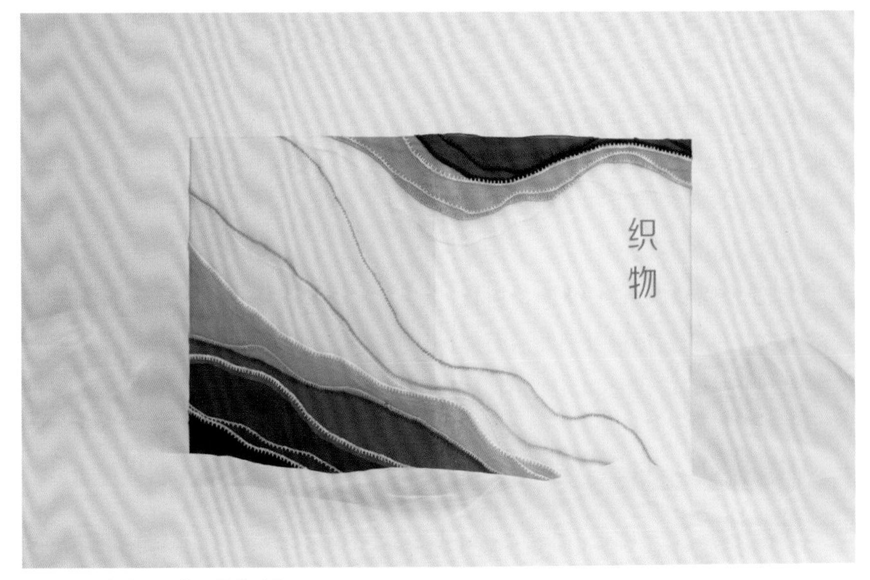

图 4.49 《织物》整体设计 | 孙萌

图 4.50 《织物》内页设计 1 | 孙萌

图 4.51 《织物》内页设计 2 | 孙萌

### 2. 双栏的网格划分

双栏网格结构在书籍中也是比较常见的，双栏分割人们的视觉，可以避免阅读较多文字时产生的枯燥感。设计时可以双栏都放置文字，也可以一栏放置图片，另一栏放置文字。双栏网格通常分为对称双栏和均衡对称双栏。对称双栏是两栏的宽度一样（如图 4.53 所示），均衡对称双栏是两栏的宽度不一样，有多种排列方式，可以左边窄右边宽，也可以右边窄左边宽（如图 4.54 所示）。均衡对称双栏排列方式灵活，在书籍排版中应用较为广泛。比较适用于文字量和图片量基本均等且文字内容和图片内容需要在一个页面中对照阅读的文本，也同样适用于文字较多但需要大量尺寸不大的图片辅助说明的文本。

图 4.52 《织物》内页设计 3 | 孙萌

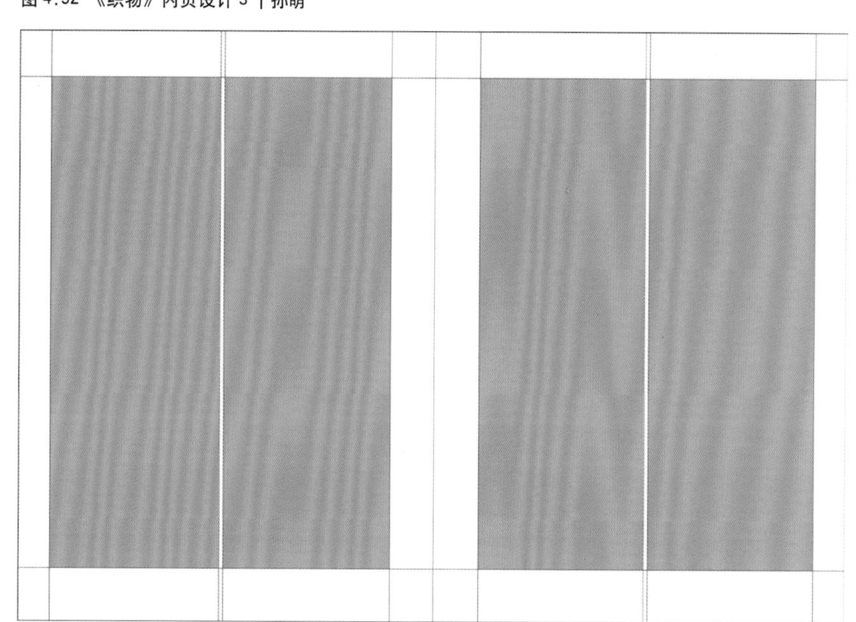

图 4.53 对称双栏的网格结构

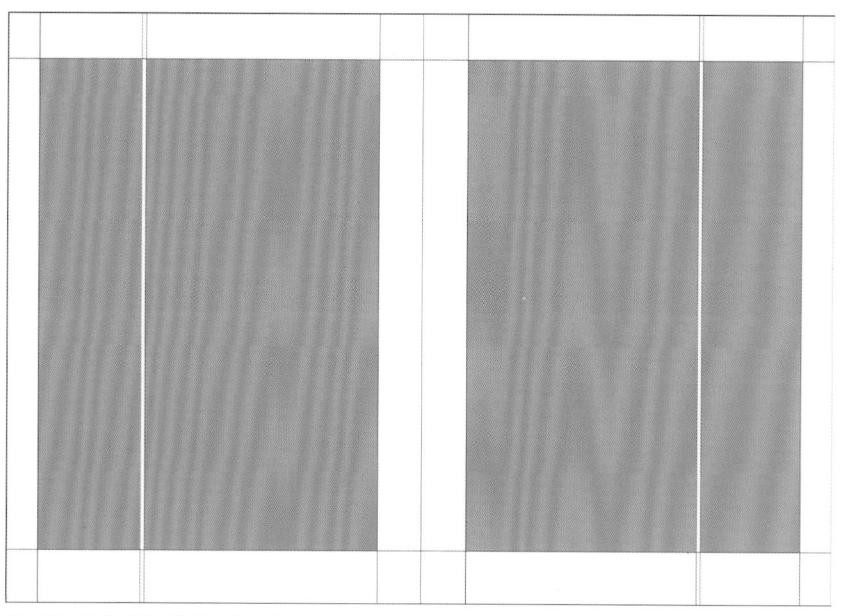

图 4.54 均衡对称双栏的网格结构

张见平同学的书籍设计作品《海子的诗》以“海浪”为线索，采用层叠向上的波浪纸艺结构。内文的版面设计采用双栏网格结构，既照顾到诗歌的文字篇幅，又符合“海浪”这一整体设计概念（如图 4.55、图 4.56 所示）。

图 4.55 《海子的诗》整体设计丨张见平

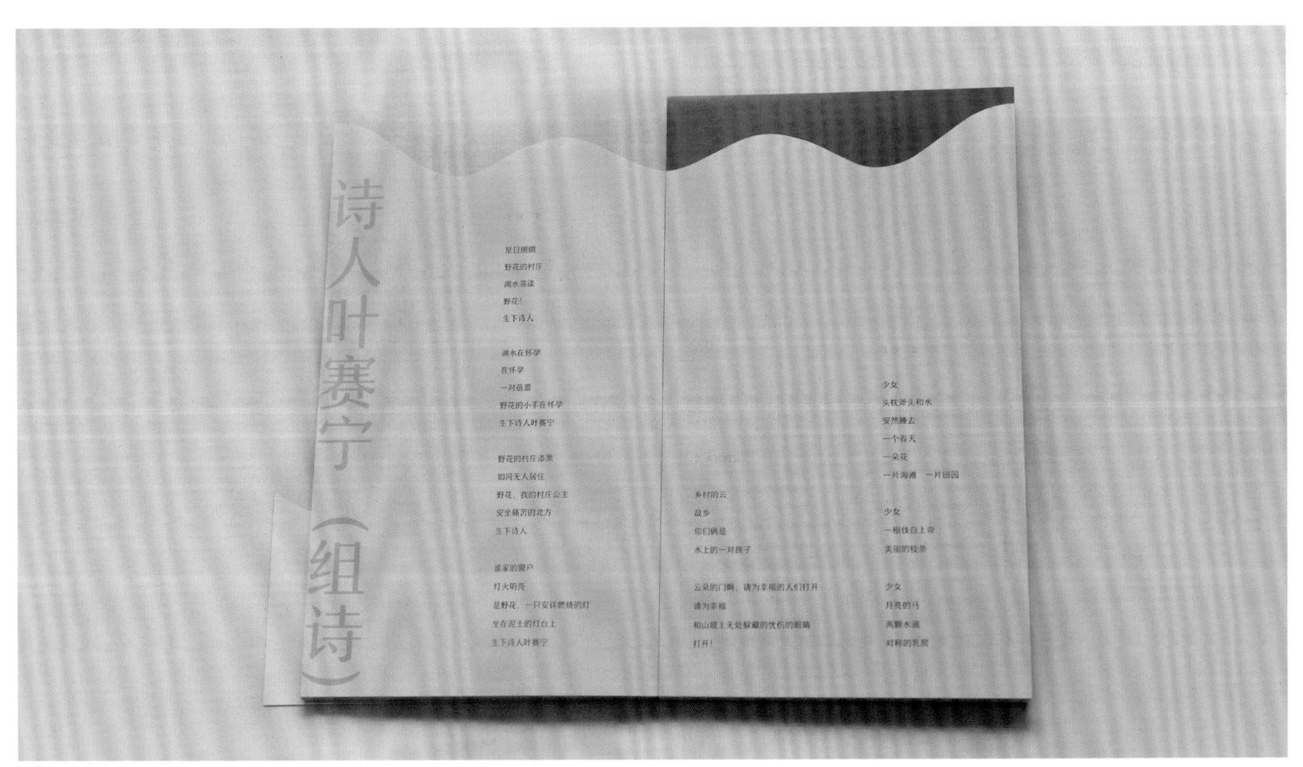


图 4.56 《海子的诗》内页设计丨张见平

李金莉同学的书籍设计作品《由染而生》介绍了蜡染的传承历史及制作工艺。版面设计采用双栏的网格结构，将蜡染的染材图片及其介绍文字上下对照着放入网格中（如图 4.57 至图 4.59 所示）。

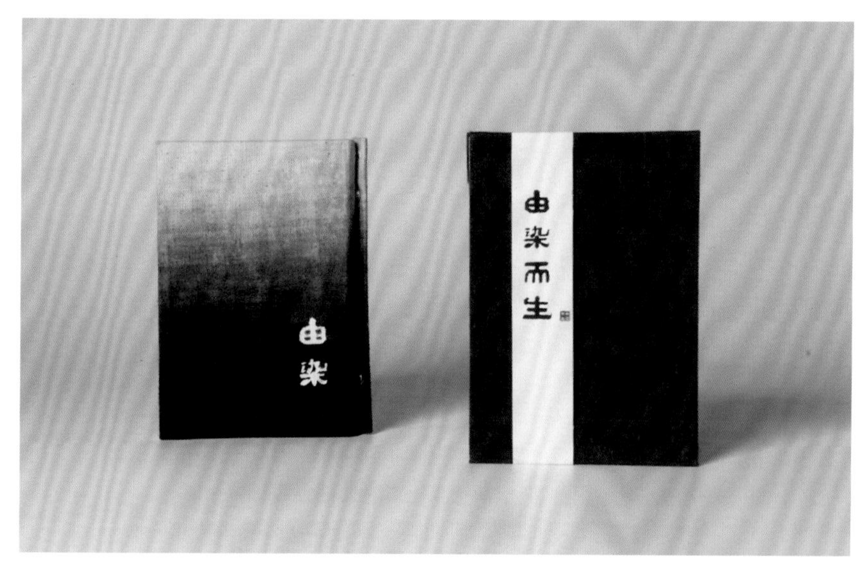


图 4.57 《由染而生》整体设计 | 李金莉

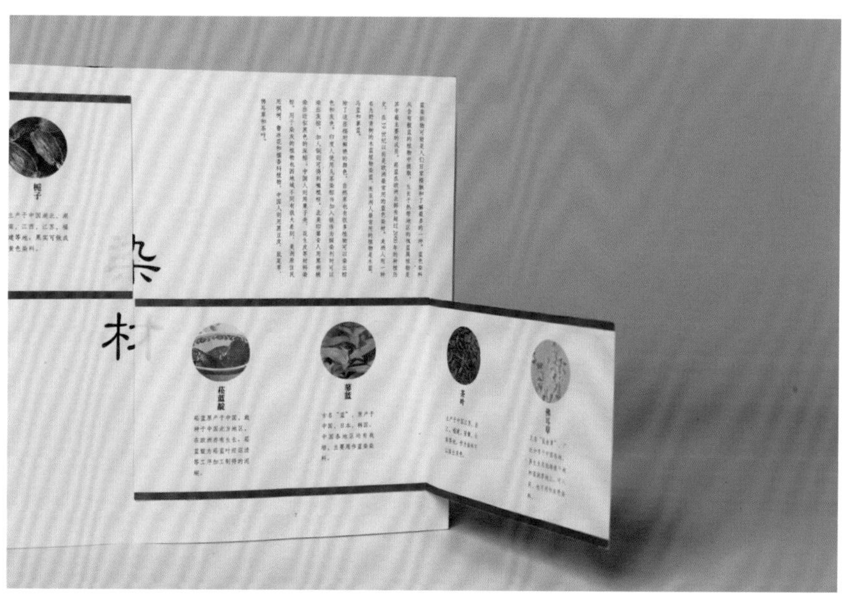

图 4.58 《由染而生》内页设计 1 | 李金莉

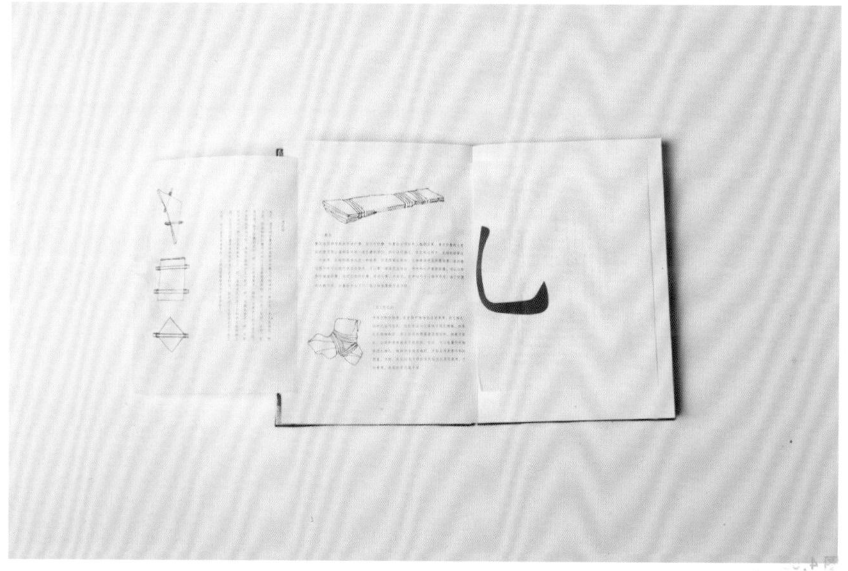

图 4.59 《由染而生》内页设计 2 | 李金莉

李旭飞同学的书籍设计作品《光 · 影》是一本通过摄影作品讲述旅行见闻的书，内页有设计者在旅途中拍摄的影像图片，书脊为灯带。书籍自带光源，在自然光或灯光亮度不足的情况下，读者可以按下封底前页的开关将书脊的灯带打开，阅读此书。书籍内页多采用双栏的网格设计，影像图片在光影的变化下为读者提供了丰富的视觉体验（如图 4.60 至图 4.62 所示）。

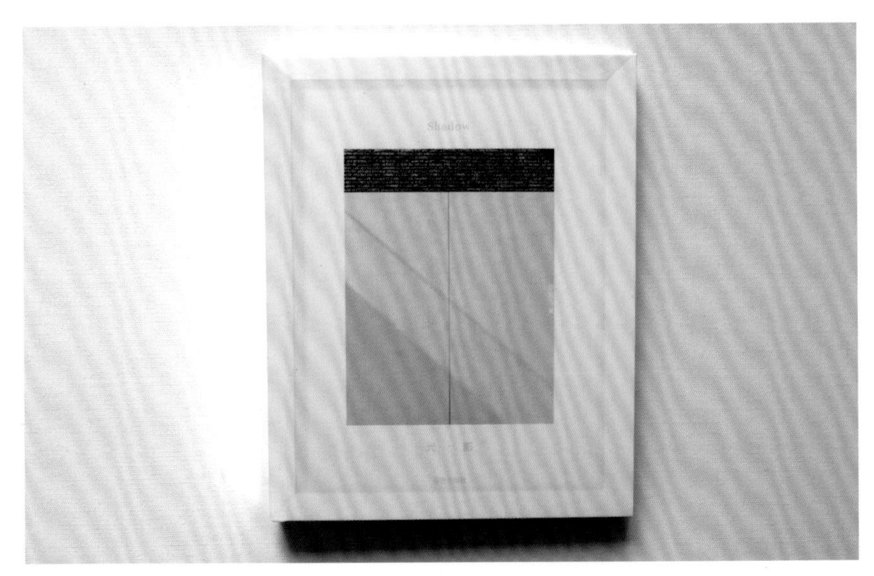

图 4.60 《光 · 影》整体设计丨李旭飞

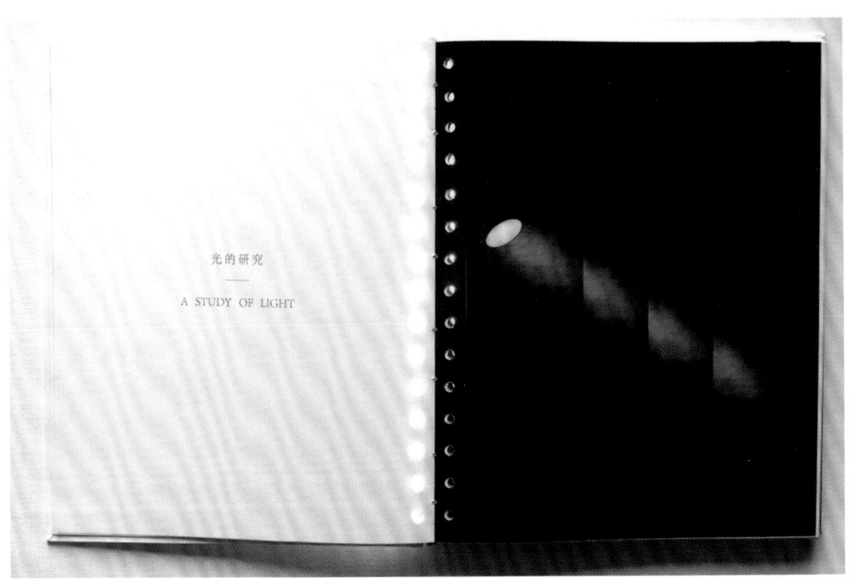


图 4.61 《光 · 影》内页设计 1 丨李旭飞

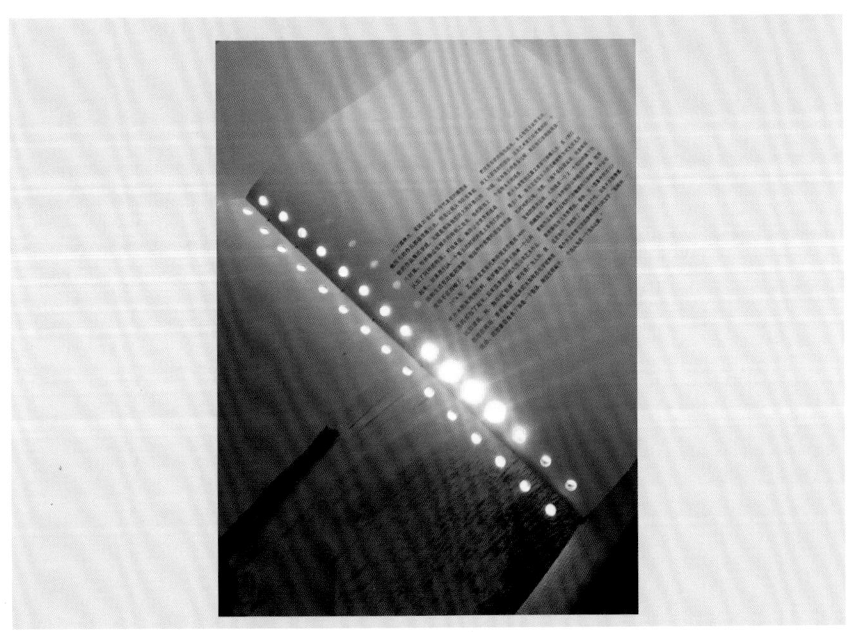

图 4.62 《光 · 影》内页设计 2 丨李旭飞

孙添爱同学的书籍设计作品《“京”雕细琢——北京宫灯传统艺术》介绍了濒临失传的北京宫灯的历史渊源与地域特色、制作方法与艺术价值、文化内涵与人文精神。书籍从封面设计到内页设计，都采用了均衡对称双栏的网格结构。书中宫灯的手绘插图和介绍文字都一一对应，版面典雅而又精致。读者在阅读过程中如临其境，可以直观地欣赏不同类型的北京宫灯（如图 4.63 至图 4.66 所示）。

图 4.63 《“京”雕细琢——北京宫灯传统艺术》整体设计 | 孙添爱

图 4.64 《“京”雕细琢——北京宫灯传统艺术》内页设计 1 | 孙添爱

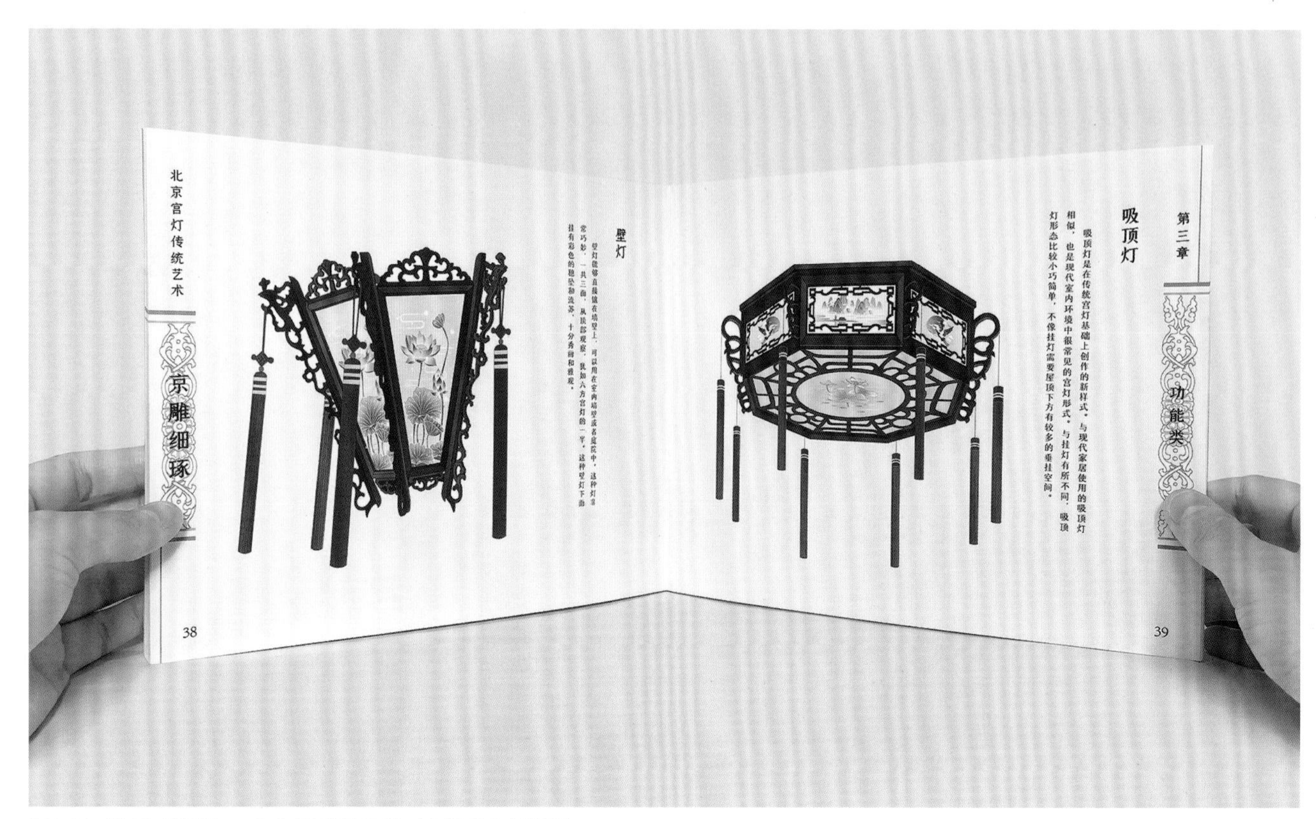


图 4.65 《“京”雕细琢——北京宫灯传统艺术》内页设计 2 | 孙添爱

图 4.66 《“京”雕细琢——北京宫灯传统艺术》内页设计 3 | 孙添爱

李玉鑫同学的书籍设计作品《寻豆记》以咖啡豆为主题，以咖啡豆的奇妙旅行为主线，把有关咖啡豆的故事向读者娓娓道来。书籍整体设计风格温暖而又灵动，版面设计以均衡对称双栏网格结构为主，为读者营造出温馨的阅读氛围（如图 4.67 至图 4.69 所示）。

图 4.67 《寻豆记》整体设计｜李玉鑫

图 4.68 《寻豆记》内页设计 1 ｜李玉鑫

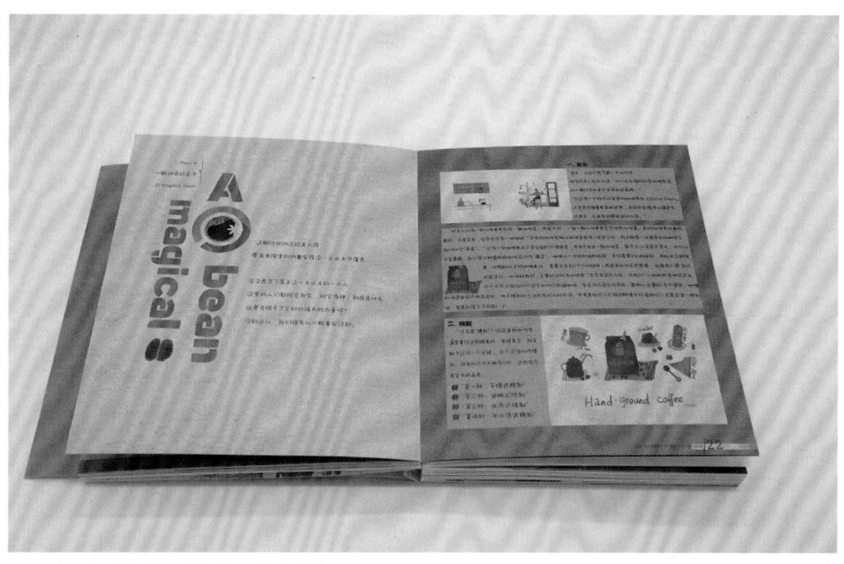

图 4.69 《寻豆记》内页设计 2 ｜李玉鑫

### 3. 多栏的网格划分

多栏的网格划分指的是 3 栏及以上的分栏，通常可以根据书籍文字内容自由安排栏数，左右两边的栏数一般都相等且对称（如图 4.70 所示）。对称多栏网格不太适合正文的编排，更适合附录的编排，可根据实际内容增加或减少栏数。

《京城奇谈》是一本关于老北京奇闻趣事的书籍，讲述了各种流传已久的与京城有关的民间传说。这类故事的文字体量一般不大，篇幅短小。因此，康亚东同学在目录页和内页设计中都采取了多栏的版面划分方式，使得书籍的版面既饱满充实，又简洁明了（如图 4.71、图 4.72 所示）。

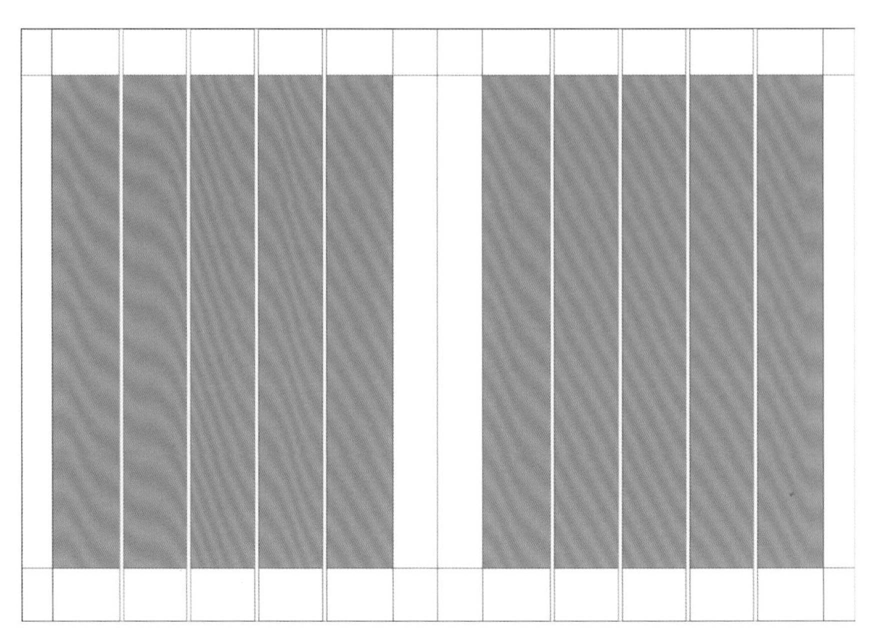

图 4.70　对称多栏的网格结构

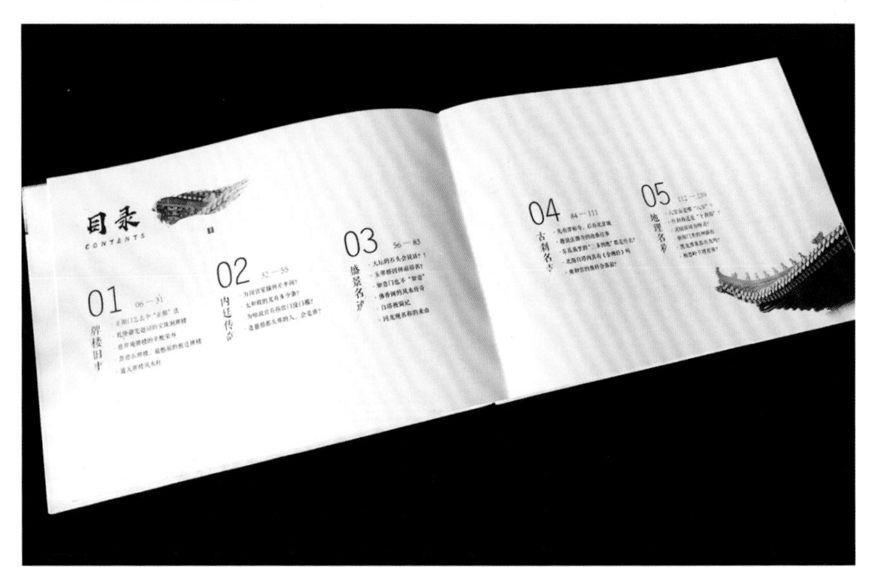


图 4.71　《京城奇谈》目录页设计 | 康亚东

图 4.72　《京城奇谈》内页设计 | 康亚东

《物月集》是一本将月亮科普与诗歌相结合的书籍，按照文本内容分为《物月集——伴月共生》和《物月集——望月怀远》两册。书籍以理性内容与感性内容结合、平面结构与立体结构结合的方式，带领读者探究物与月的关系，以富有月亮特色的、有趣的、立体的结构打破空间限制，与读者互动。在书籍内页设计中，多栏网格中的文字与月相图片一一对应，营造出丰富的阅读情境（如图 4.73、图 4.74 所示）。

晋长毅同学的书籍设计作品《非现实岛屿》的主题是“全球变暖”。设计者将书籍设计成一座岛屿，以假想的“海平面上升淹没岛屿”来展现人类对自然环境的影响。书籍内页采用多栏的网格结构放置图片和文字，增强了书籍阅读的层次感（如图 4.75 至图 4.80 所示）。

【《物月集》白玉竹】

图 4.73 《物月集》整体设计 | 白玉竹

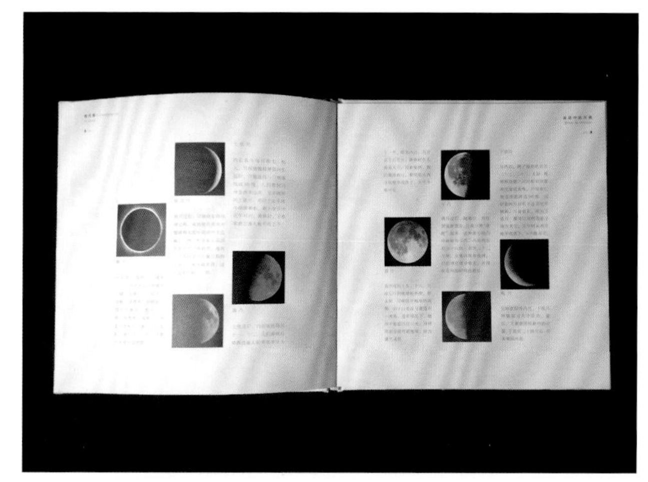

图 4.74 《物月集》内页设计 | 白玉竹

图 4.75 《非现实岛屿》封面设计 | 晋长毅

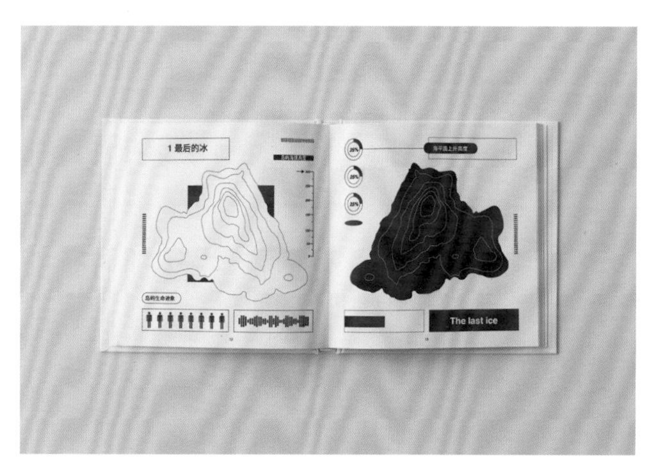


图 4.76 《非现实岛屿》内页设计 1 | 晋长毅

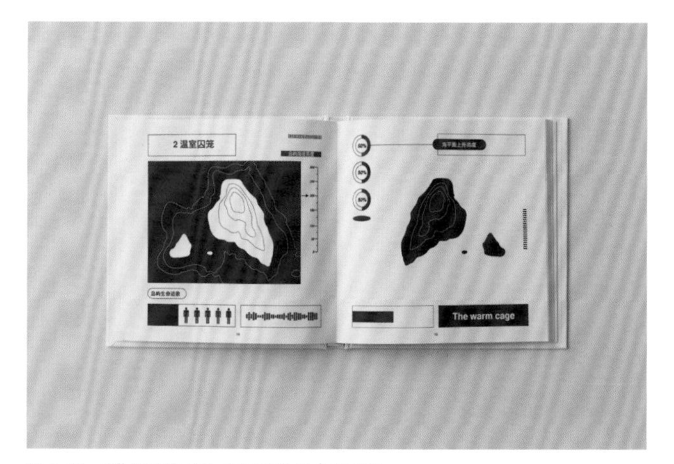


图 4.77 《非现实岛屿》内页设计 2 | 晋长毅

图 4.78 《非现实岛屿》内页设计 3 | 晋长毅

熊潇同学的书籍设计作品《山城夜语》以“重庆山城”为主题。重庆是设计者的故乡，背后承载着厚重的巴渝文化，它在时代的浪潮中砥砺前行，在传统与现代的碰撞中不断发展。书籍的版面设计采用多栏的网格结构，传递出巴渝地区特有的烟火气（如图 4.81 至图 4.85 所示）。

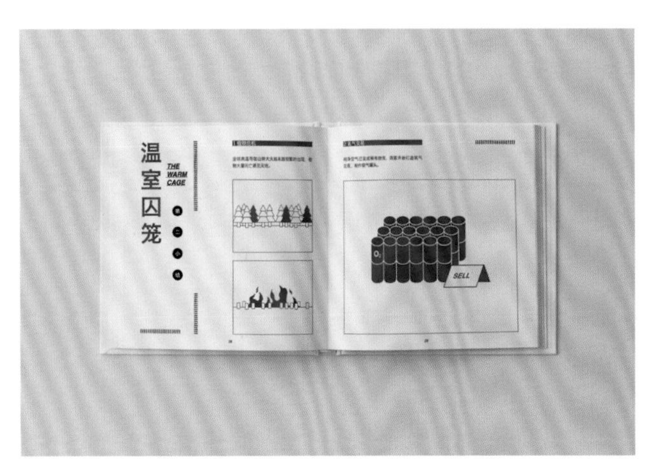


图 4.79 《非现实岛屿》内页设计 4 | 晋长毅

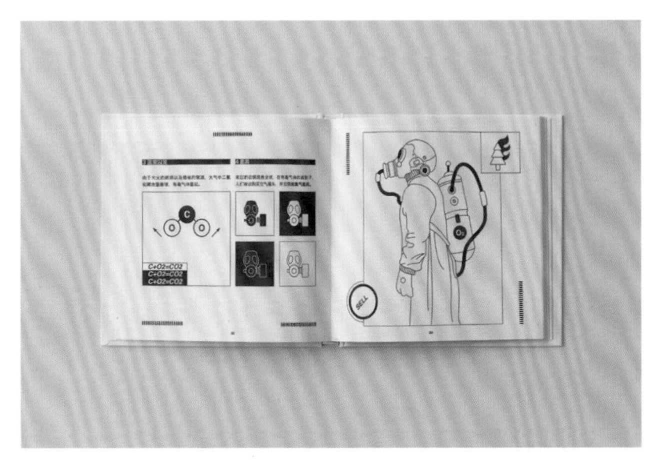


图 4.80 《非现实岛屿》内页设计 5 | 晋长毅

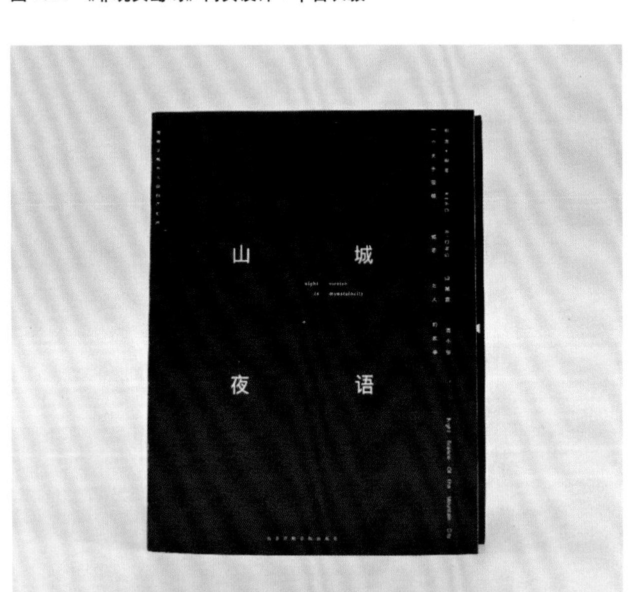


图 4.81 《山城夜语》整体设计 1 | 熊潇

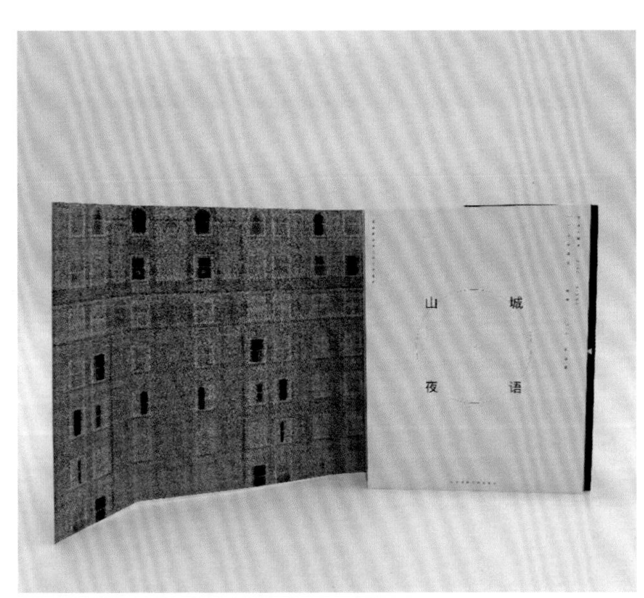


图 4.82 《山城夜语》整体设计 2 | 熊潇

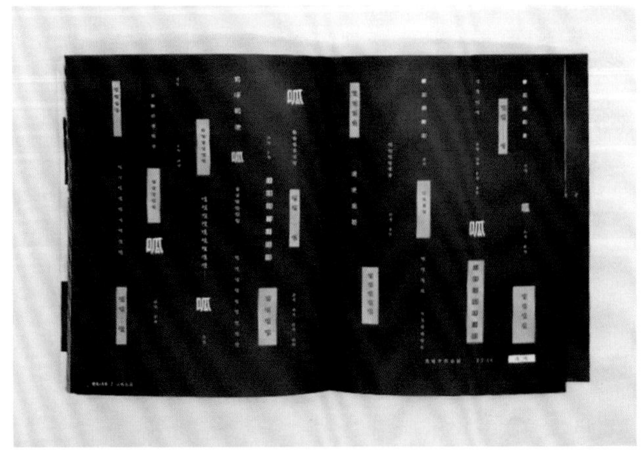

图 4.83 《山城夜语》内页设计 1 | 熊潇

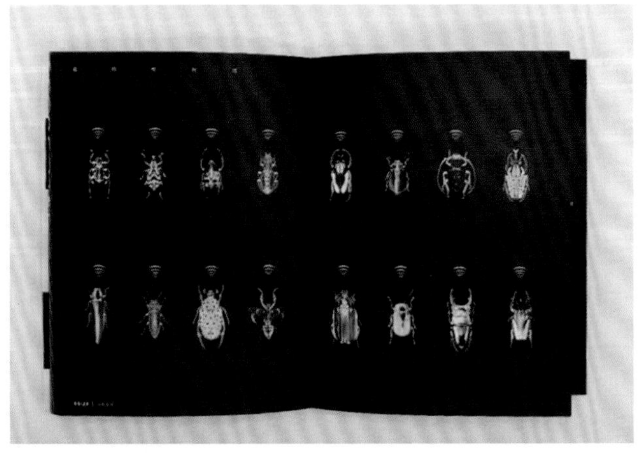

图 4.84 《山城夜语》内页设计 2 | 熊潇

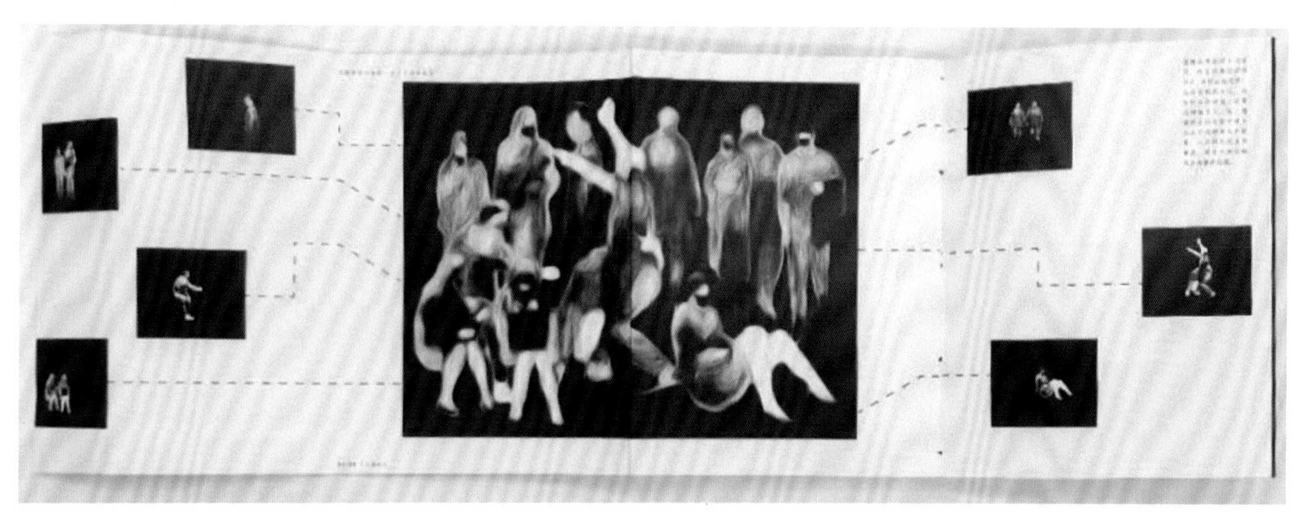

图 4.85 《山城夜语》内页设计 3 | 熊潇

## 思考题

1. 书籍设计与字体设计有哪些不同之处？
2. 中文字体大致分为几类？
3. 如何根据书籍主题和文本内容在计算机字库中选择合适的字体？
4. 如何根据书籍主题和文本内容设计字体？
5. 印刷文字的字号有哪些？
6. 如何根据书籍文本分级内容选择字号？
7. 书籍的文字设计如何体现书籍的整体设计概念？
8. 书籍设计与版面设计有哪些不同之处？
9. 书籍的版面设计由哪 3 个最重要的元素组成？
10. 如何根据书籍的文字内容和图片素材设计版面的网格结构？
11. 书籍的版面设计如何体现书籍的整体设计概念？

# 第五章 书籍的整体设计

本章全面阐述了书籍的整体设计概念引导下的书籍内容设计、书籍装帧设计、书籍文字设计，以及书籍版面设计的设计思维与方法。设计者需要从书籍的内容编辑、书籍的装帧结构、书籍的文字编排和书籍的版面设计中由表及里、深入浅出地展现书籍设计的创意，营造丰富的阅读情境。

本章重点强调书籍的整体设计概念不是设计者凭空想象或片面借鉴已有书籍产生的，而是要依托前章介绍的内容进行具体的创意设计。书籍的整体设计概念一旦形成，就不再是一张可有可无的创意方案草图，但将整体设计概念融入书籍内容和形式才是难点。

## 一、书籍设计的创意思路与创意方法

本节主要介绍书籍设计的创意思路和创意方法，既包括学生在进行书籍创意设计之初应掌握的思维方法和设计流程，也包括教师在辅导学生进行创意设计时应掌握的教学方法。党的二十大报告提出：“培育创新文化，弘扬科学家精神，涵养优良学风，营造创新氛围。”

### （一）书籍艺术创意的特点和方法

**1. 书籍艺术创意需要贯穿全书**

书籍设计不同于招贴设计、品牌设计、包装设计这些视觉传达设计，设计者需要编排大量的文字内容和图片素材。艺术创意不是单页或系列页的单独呈现，而是所有连续页面的完整表现。好的艺术创意可将书籍内容清晰而有吸引力地展现出来，并且能营造丰富的阅读情境，进而传达书籍深厚的文化内涵。

**2. 书籍艺术创意需要建立在多次梳理书籍素材的基础上**

一谈到艺术创意，学生就会绞尽脑汁地去想各种点子。他们往往不顾文本的具体内容和文化内涵而直接开始构想设计概念，这样得来的设计概念是大而空的，达不到艺术创意的标准。因此，在进行书籍设计的创意构思之前，设计者一定要肯花时间、花精力去认真阅读书籍的文本。不管这些书籍的文本是由文字还是由图片组成的，都需要做书的人去反复理解和体会。最好的艺术创意其实隐藏在文本中，梳理好文本自然会发现它。设计者有时候只是需要一双善于发现的眼睛。

**3. 书籍艺术创意的最终方案是对书籍素材内容最恰当的视觉表现形式**

在尊重书籍文本的基础上，设计者要能从多个方案中挑选出最能恰当表现书籍素材内容的那个艺术创意。很多学生平时喜欢看各类西方书籍设计作品，由此吸收了书籍设计的创作灵感。在吸收借鉴西方的创意思维时，学生要多了解创意思维依托的具体书籍设计内容。如果不关注书籍内容，只借鉴书籍创意思维及设计形式，就很容易被那些设计形式感强的书籍设计作品吸引，而忽略或很少主动去发现和学习那些隐藏于设计形式之下的大艺术创意。学生在谈及自己的书籍设计创意时，通常会先选择那些新、奇、怪的创意点子，新、奇、怪的创意点子往往会带来空洞的设计内容，最终使作品偏离设计初衷，成为形式上的书籍设计。

### （二）辅导书籍艺术创意的方法

**1. 书籍艺术创意的辅导需要一对一深入沟通**

在课堂教学过程中，教师要特别注意和学生沟通艺术创意的方法和技巧。艺术专业不同于其他学科，没有绝对正确或错误的答案。在学生提出设计方案和艺术创意时，教师要根据自身专业知识和教学经验与学生深入探讨。对于每一个课题，教师都应要求学生至少提出 3 个不同的艺术创意和设计方案，而且每个设计方案都要有坚实的创意基础。

目前，艺术专业学生数量不断增多，一名教师在课堂上往往要辅导 20～40 名学生。如果每名学生的艺术创意和设计方案都是未经深思熟虑、随意提出的话，就会浪费很多课堂辅导时间。有些学生花很少的时间随意地勾画几幅设计草图就完成了创意设计构思的全过程，然而往往在和指导教师沟通后才发现设计方案不可行，需要重新设计，这样的情况如果过多，就会大大降低课堂效率。

**2. 书籍艺术创意的辅导需要重点关注书籍设计结构小样**

课堂辅导教学的质量取决于教师的具体教学方法，以及学生对课程作业的投入程度。笔者在长期的专业课程教学中，摸索出一套适用于视觉传达设计类课程的教学方法。这种教学方法在课堂设计的创意草图阶段借鉴商业设计的提案阶段，要求学生深思熟虑后直接做出书籍设计结构小样，而不是在草稿本上随意勾画几幅豆腐块状的草图，然后向指导教师口述自己的创意。教师在与学生讨论这些草图时可以感觉到，学生并没有花太多的时间去琢磨文本。因为他们口述创意的时候说得天马行空，创意思维含糊不清，教师在此基础上指导会更加耽误宝贵的课堂辅导时间。如果学生提交了完整而具体的创意方案，那么教师也能给予更准确、更高质量的指导。

## 二、书籍设计结构小样的制作与设计完稿

本节主要介绍书籍设计从制作结构小样到设计完稿的复杂过程。实现书籍设计创意的第一步是动手做书籍设计结构小样。学生在反复研读书籍的文字内容和图片素材之后，需要准备一些适合做小样的白纸，先不用着急把素材内容和版式设计填充上去，要尽可能保持纸张空白，然后运用第三章讲到的书籍设计的装

帧形态的相关知识，通过纸张之间的连接和转折，设计出适合书籍的独特的装帧结构。

接下来，判断这个书籍设计的结构小样是否完成。在制作设计结构小样时，学生需要考虑后期批量印刷和完稿制作过程的便利性；当一个书籍设计的结构小样完成的时候，学生应该一看到这个小样，就能联想到这本书的相关素材内容。如果设计结构小样完成之后，学生觉得在这个空白的设计结构中，可以随意添加任何素材内容，那么就可以初步判断，这个设计结构小样相对原本的书籍内容来说，不够独特，流于概念化、程式化。

在书籍设计的初期，学生特别容易直接将书籍素材内容放入计算机设计软件中排版。计算机屏幕呈现的开本尺寸会受屏幕尺寸影响，产生和实物不一样的视觉效果。页面的前后关系和连接方式在屏幕中都是以静态模拟的形式呈现的，只有将其还原到小样中才能真实再现纸张结构。纸质成稿是书籍内容的物化呈现，不同于将屏幕作为阅读终端的电子书。因此，在着手制作纸质书籍的结构小样时，学生应该先从终端“纸材”去思考，而不是以屏幕模拟的方式切入书籍设计。

书籍设计结构小样从产生到落实再到深化的过程会贯穿书籍设计始终。即使后期进入用计算机设计软件进行版面设计的阶段，也需要根据结构小样来调整设计软件中内页的尺寸和结构，而不是依赖于软件中预设的数值。书籍设计结构小样带来了具体的创意设计表现，打破了学生使用同一设计软件工具造成的作品同质化局面。如今，电子阅读媒介越来越便捷，纸质书能给予读者丰富的阅读感受，这是读者坚持选择阅读纸质书的重要原因。如果一本成品纸质书给读者的感觉就像一本经印厂转印的电子文件，那么从书籍印刷的角度来看，无疑是对自然资源和人力资源的浪费。所以，设计出的成品纸质书一定要给读者不同于电子书的阅读体验。

下面列举 10 本书的设计过程，对比观看书籍设计的结构小样和书籍设计的成稿。丰富的书籍设计过程最终会带来丰富的书籍设计成稿。只有了解书籍设计结构小样具体化的过程和黑白稿版式设计的确认过程，才能真正了解书籍的成长过程。

### （一）《风与树的歌》设计过程

李欣忆同学选择对《风与树的歌》进行书籍再设计该书是日本著名女性童话作家安房直子的作品，共收录 8 篇童话故事。书籍设计分为两个部分，上半部分通过纸雕的艺术形式构筑作者心中的童话森林，下半部分则安静地展示作者的文字。读者在阅读每一页时，都能感受到纸质书的魅力。同时，在纸雕艺术的烘托下，书籍散发出独特的东方气息，使阅读纸质书成为一种沉浸式体验（如图 5.1 至图 5.6 所示）。

图 5.1　第一阶段：在打印出的书籍成稿上逐页做纸雕

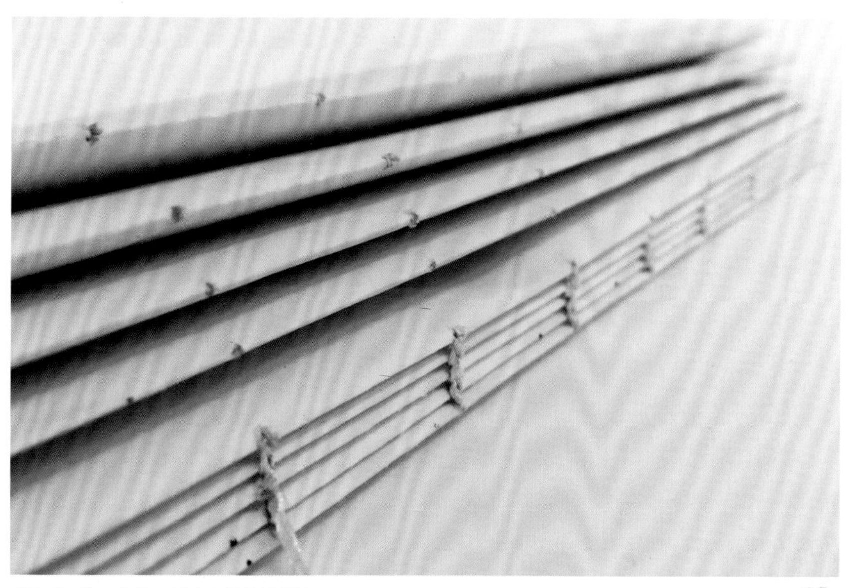

图 5.2　第二阶段：制作书籍的锁线装

图 5.3　第三阶段：手工完成书籍的锁线装

图 5.4　第四阶段：书籍整体设计展示

图 5.5　第四阶段：书籍纸雕的局部展示

图 5.6　第四阶段：书籍内页版式展示

### (二)《蚕书》设计过程

杜磊同学选择对《蚕书》进行书籍再设计。设计者在书籍的创意设计阶段确定将蚕茧和蚕丝作为书籍整体设计的切入点，然后做书籍设计的结构小样。书籍封面的蚕茧和一根贯穿内页的蚕丝契合了书籍的整体设计概念，随后多次打印黑白稿确定书籍内页文与图的位置，以及书籍函套的样式（如图 5.7 至图 5.12 所示）。

### (三)《竹编》设计过程

李金莉同学选择对《竹编》进行书籍设计。设计者在书籍创意阶段将书籍的整体设计的切入点确定为在结构中加入线型竹编。先做书籍设计的

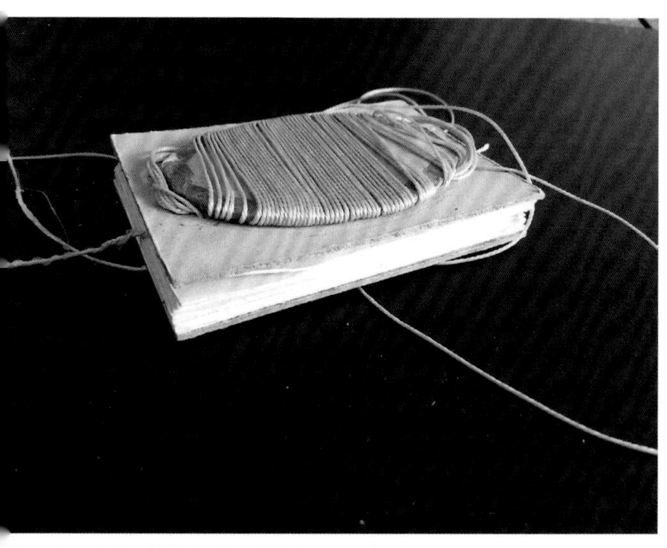

5.7　第一阶段：制作书籍的整体结构小样

图 5.8　第二阶段：制作书籍的内页小样 1

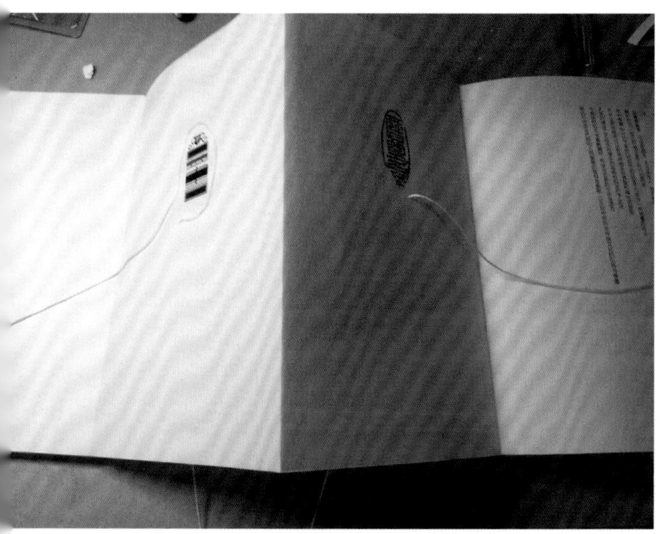

5.9　第二阶段：制作书籍的内页小样 2

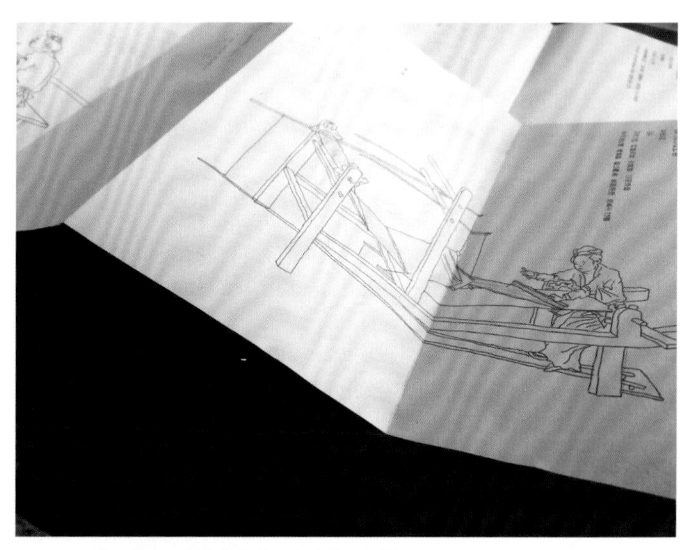

图 5.10　第三阶段：制作书籍内页版式的黑白样 1

5.11　第三阶段：制作书籍内页版式的黑白样 2

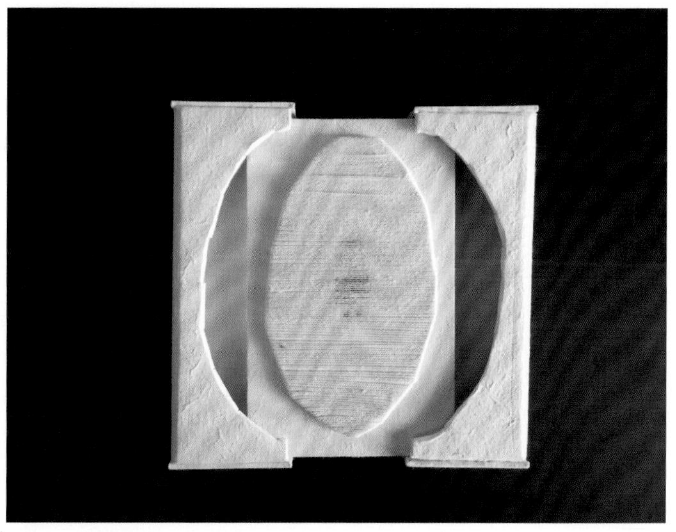

图 5.12　第四阶段：书籍整体设计展示

结构小样，再在经折结构内版心的部分做出悬浮结构，突出竹编工艺的灵动性。设计者在尝试过用薄竹片做中间纸的版心之后，最终确定用悬挂鱼线的方式来连接纸张，这种通透的经折结构也呼应了通透的竹编工艺（如图 5.13 至图 5.18 所示）。

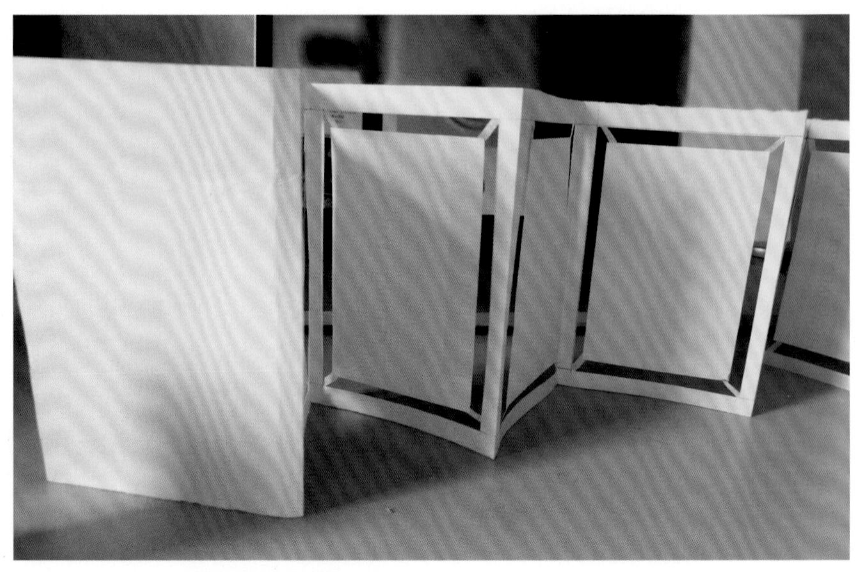

图 5.13　第一阶段：制作书籍的经折结构小样 1

图 5.14　第一阶段：制作书籍的经折结构小样 2

图 5.15　第二阶段：制作书籍的内页小样

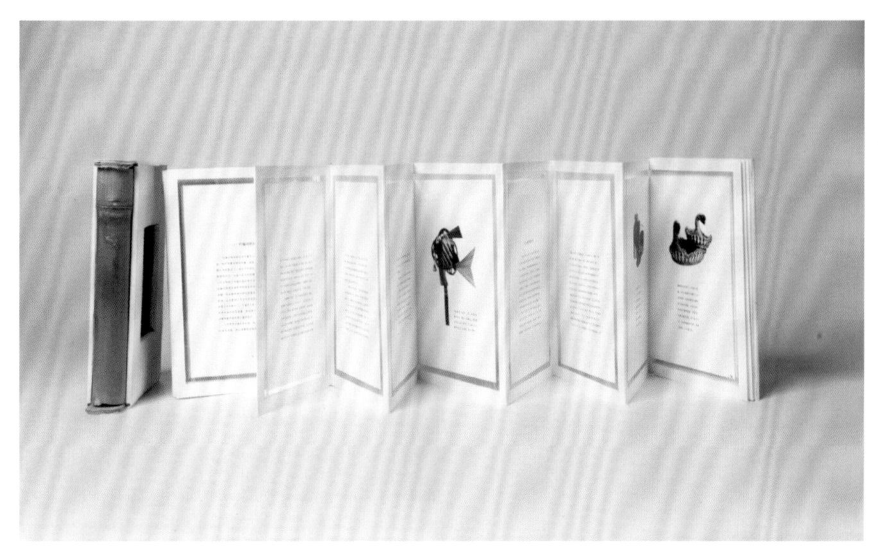

图 5.16　第三阶段：书籍整体设计展示 1

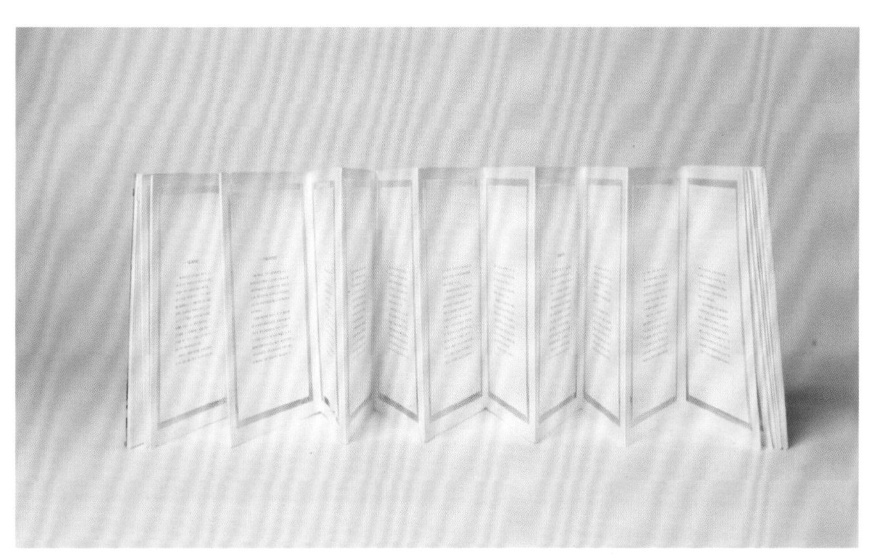

图 5.17　第三阶段：书籍整体设计展示 2

图 5.18　第三阶段：书籍整体设计展示 3

### （四）《山海经》设计过程

席开泰同学选择对《山海经》进行书籍再设计。设计者在创意阶段确定了“以材料表现为主，使用两种不同装帧形式”的设计概念。书籍封面是用树皮和零星的绿色草叶压制涂胶制成的。书籍内页分为左右两个部分，左边放置文字，右边放置图片，读者可以对照阅读文字和图片（如图 5.19 至图 5.28 所示）。

【《山海经》席开泰】

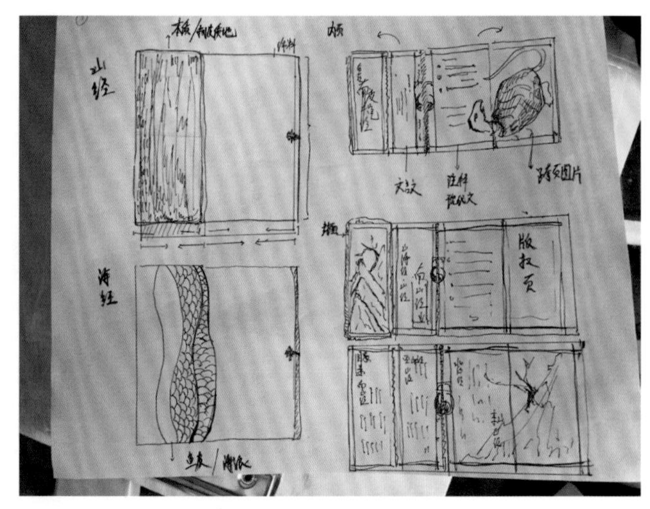

图 5.19　第一阶段：画草图构思书籍设计

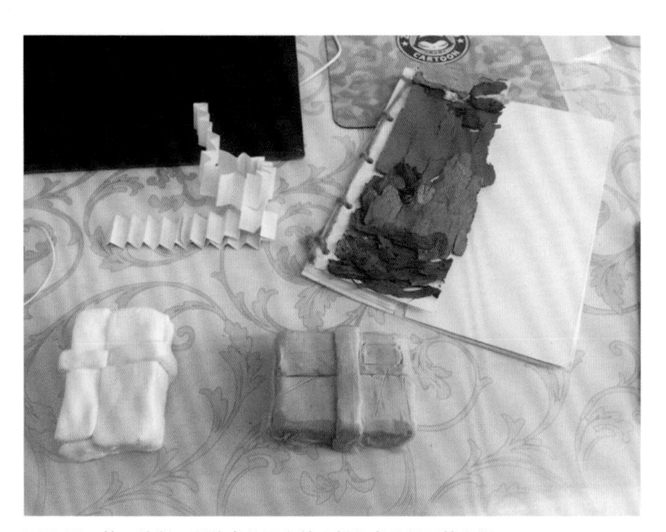

图 5.20　第二阶段：制作书籍函套的小样和书籍封面的小样

图 5.21　第三阶段：制作书籍经折装的小样

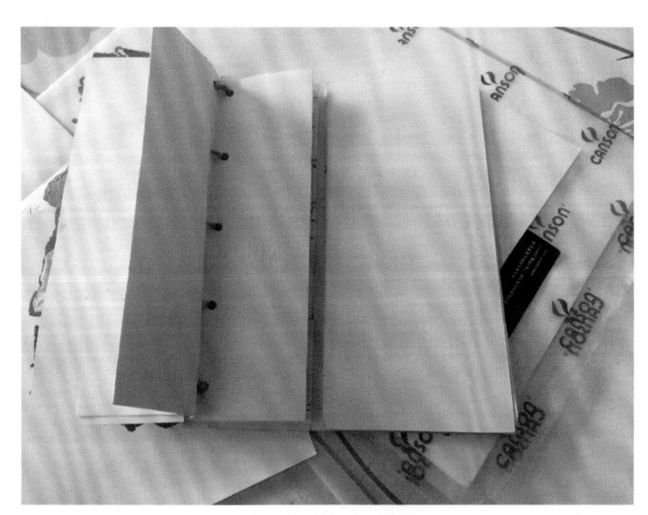

图 5.22　第四阶段：制作书籍包背装和经折装的小样

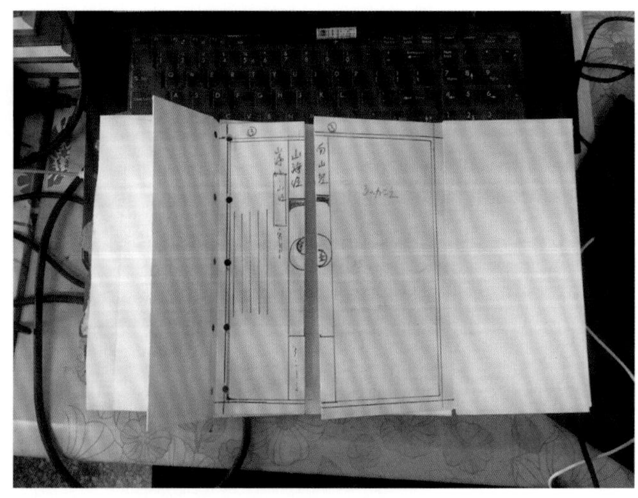

图 5.23　第五阶段：制作书籍内页版式的小样

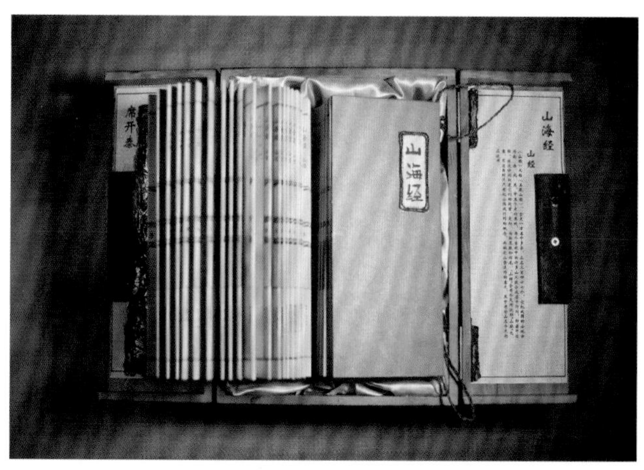


图 5.24　第六阶段：书籍整体设计展示 1

图 5.25　第六阶段：书籍整体设计展示 2

图 5.26　第六阶段：书籍整体设计展示 3

图 5.27　第六阶段：书籍整体设计展示 4

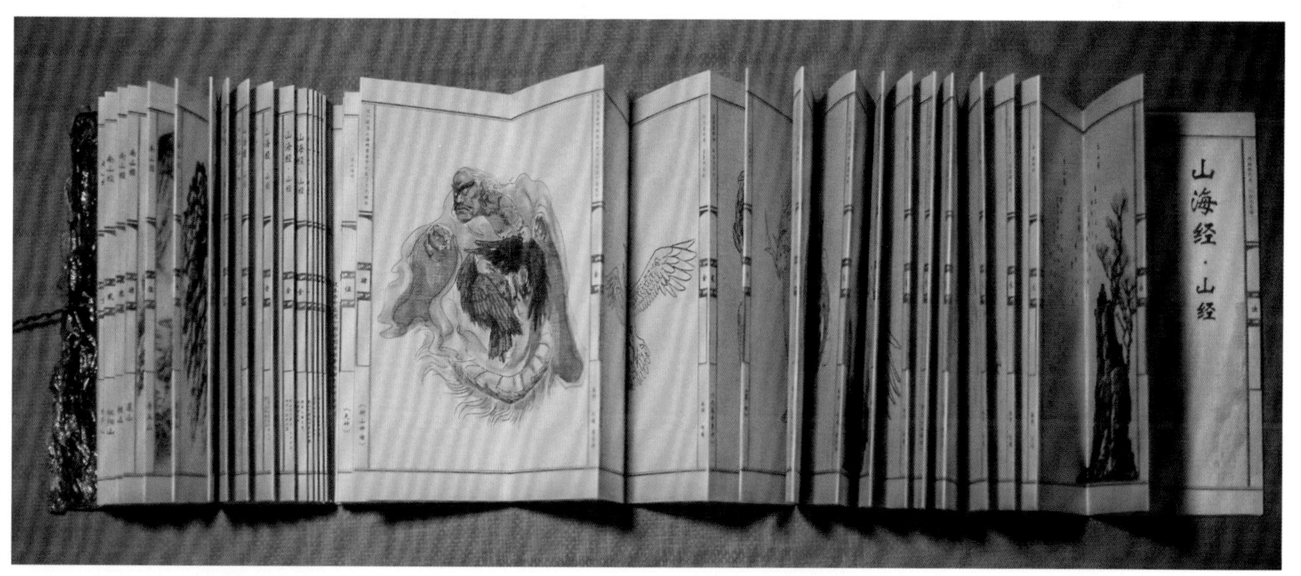


图 5.28　第六阶段：书籍整体设计展示 5

### （五）《东京梦华录》设计过程

李筱同学选择《东京梦华录》进行书籍再设计，该书是一本描述北宋都城东京开封府风俗人情的著作，是宋代的都市笔记。从书籍设计结构小样的制作到书籍内页版式的探索，设计者投入了大量的时间和精力，包括为不同字号打样，确定蝴蝶装版口的大小，确定不同级别标题字的大小及位置。最后，设计者在《清明上河图》的微缩卷轴展开图和蝴蝶装内页版式之间进行了多次调整（如图 5.29 至图 5.33 所示）。

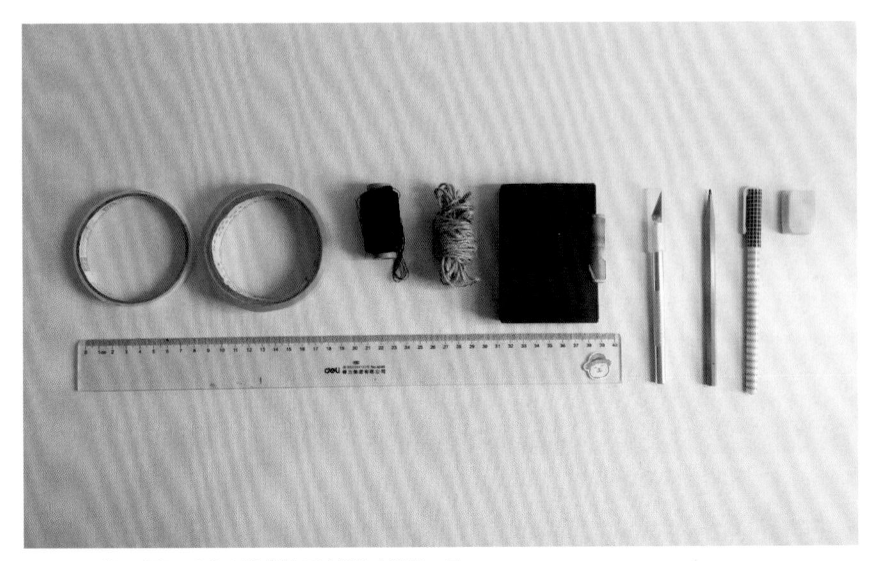

图 5.29　第一阶段：准备制作书籍设计结构小样的工具

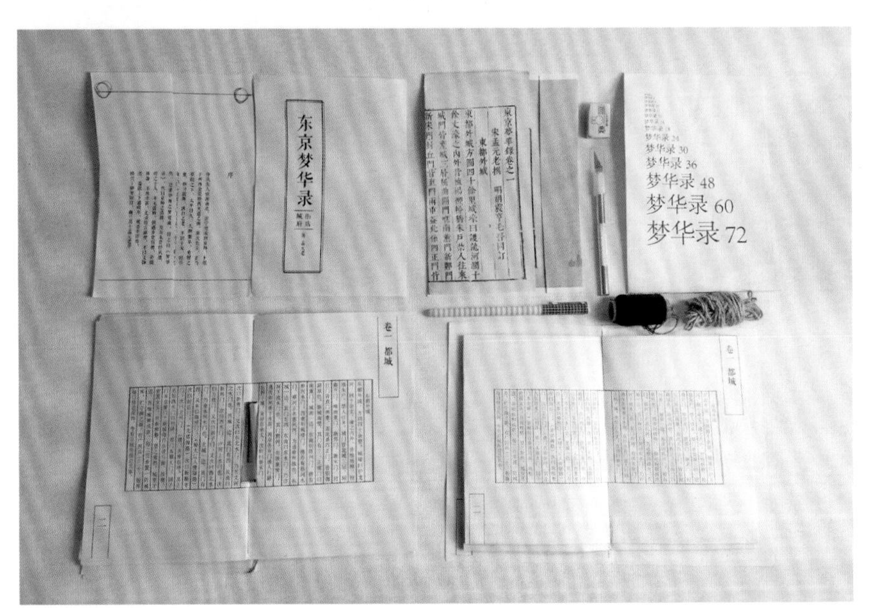


图 5.30　第二阶段：探索书籍内页版式和文字字号

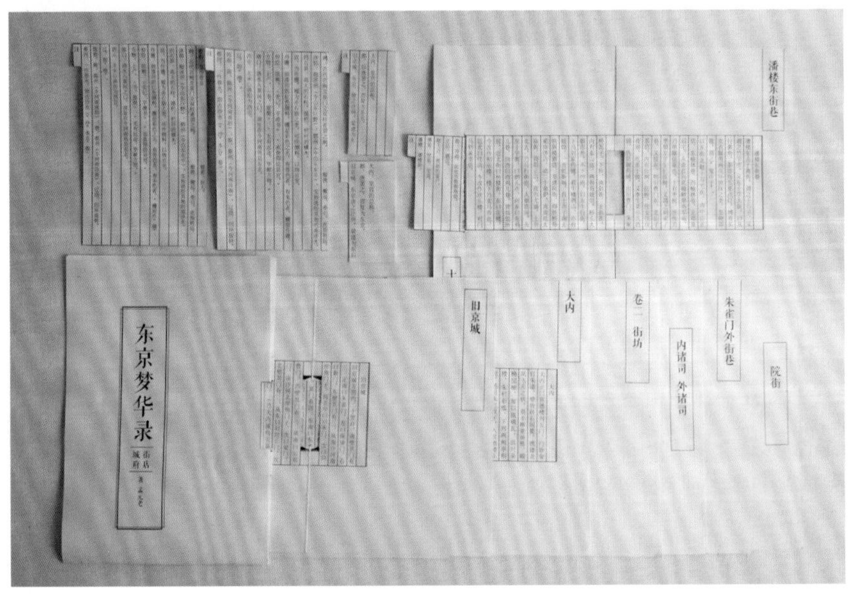


图 5.31　第三阶段：探索书籍蝴蝶装的版口和各类标题字

图 5.32　第四阶段：书籍完稿和书籍设计结构小样对照展示

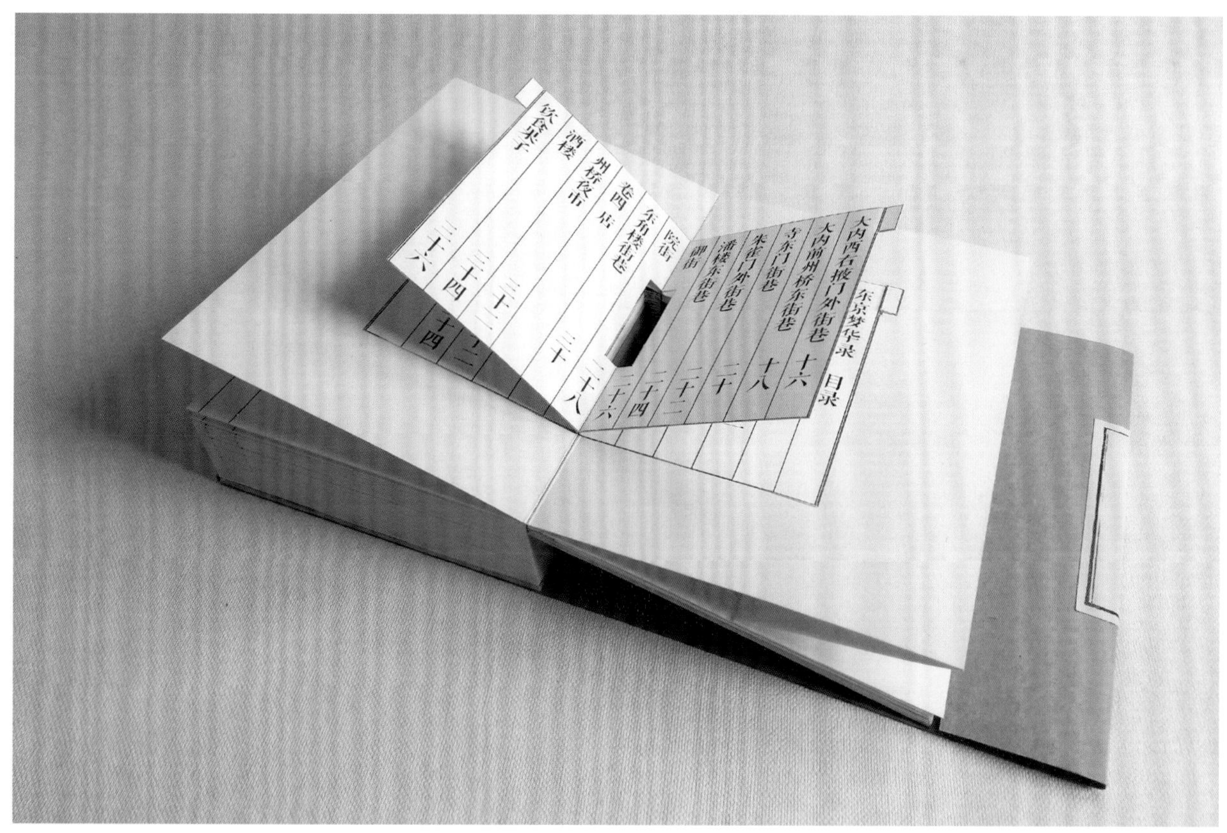


图 5.33　第四阶段：书籍内页版式展示

### （六）《蚁小见大》设计过程

邓凯中同学选择对《蚁小见大》进行书籍设计。在书籍设计创意构思阶段确定了“以蚁穴的小入口表现蚁穴的大构造”的设计概念。先做出书籍设计的结构小样，再分配书籍内容。M 形折的镂空结构丰富了书籍的阅读方式，表达了对于蚂蚁这种微小昆虫面对自然界挑战时表现出的顽强拼搏精神的敬仰之情（如图 5.34 至图 5.40 所示）。

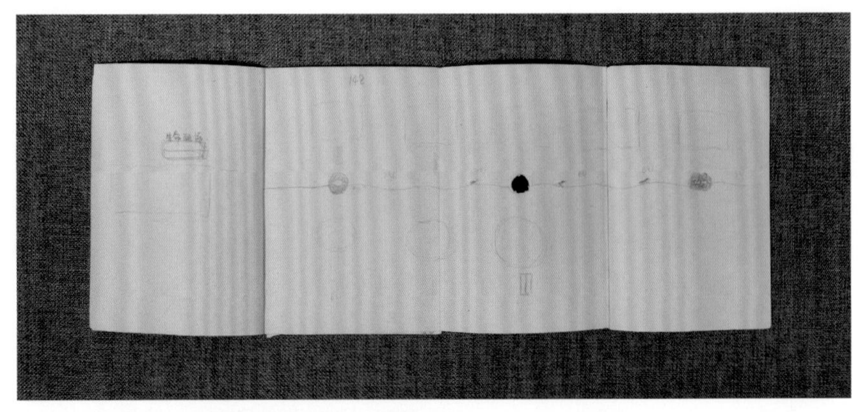

图 5.34　第一阶段：勾画书籍设计的结构小样草图

图 5.35　第二阶段：制作书籍的 M 形折结构小样

图 5.36　第三阶段：制作书籍的 M 形折结构彩样 1

图 5.37　第三阶段：制作书籍的 M 形折结构彩样 2

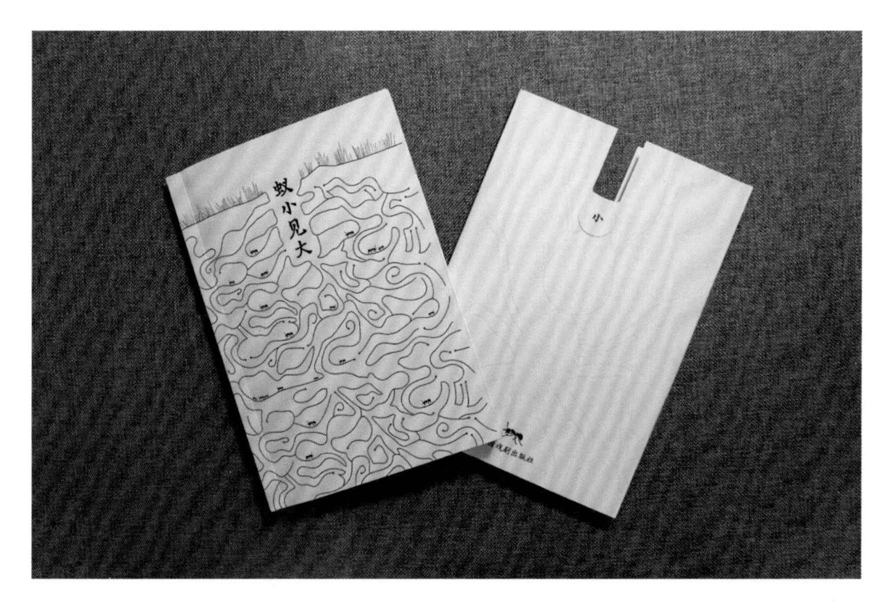


图 5.38　第四阶段：书籍整体设计展示 1

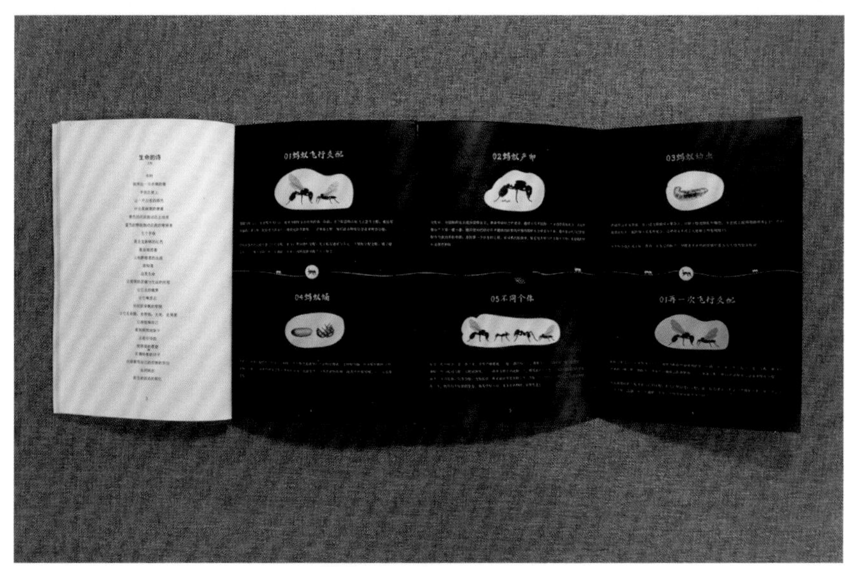


图 5.39　第四阶段：书籍整体设计展示 2

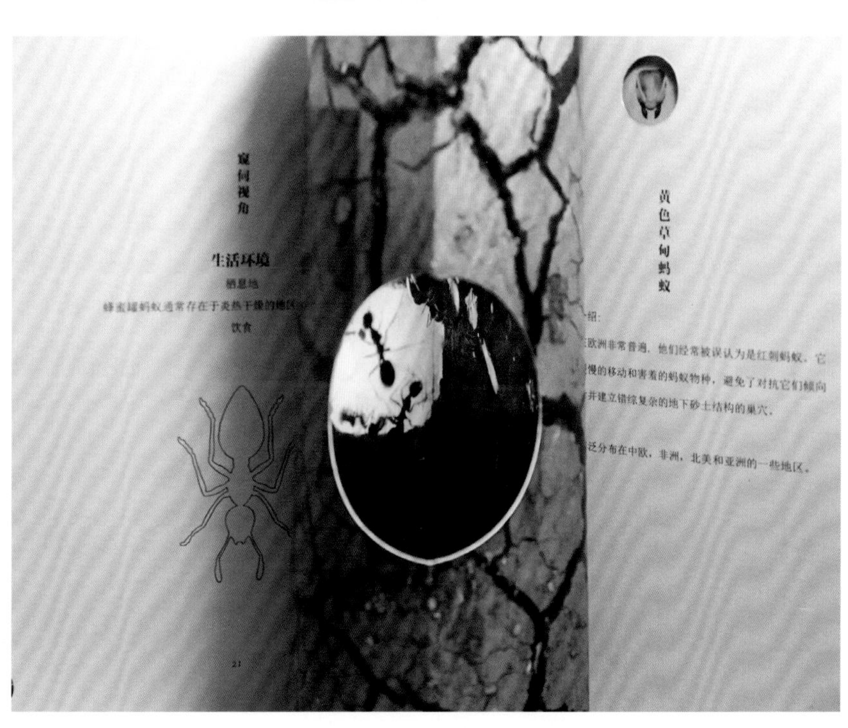


图 5.40　第四阶段：书籍整体设计展示 3

### （七）《透明日记》设计过程

杨俞雪同学选择对《透明日记》进行书籍设计。《透明日记》取材于社会现实。在如今的互联网大数据时代，每个人的隐私都有被泄露或窃取的风险，每个人在这个时代似乎都是透明的。设计者为书籍取名“透明日记”，就是想让读者认识到个人隐私的重要性并增强读者对于个人隐私的保护意识。设计者在书籍创意设计阶段就确定以插图的形式表现书中人物，采用了不完全显示特定人物信息的方式来呈现。在书籍结构小样的设计中，设计者选择以硫酸纸来呈现“隐私”主题（如图 5.41 至图 5.48 所示）。

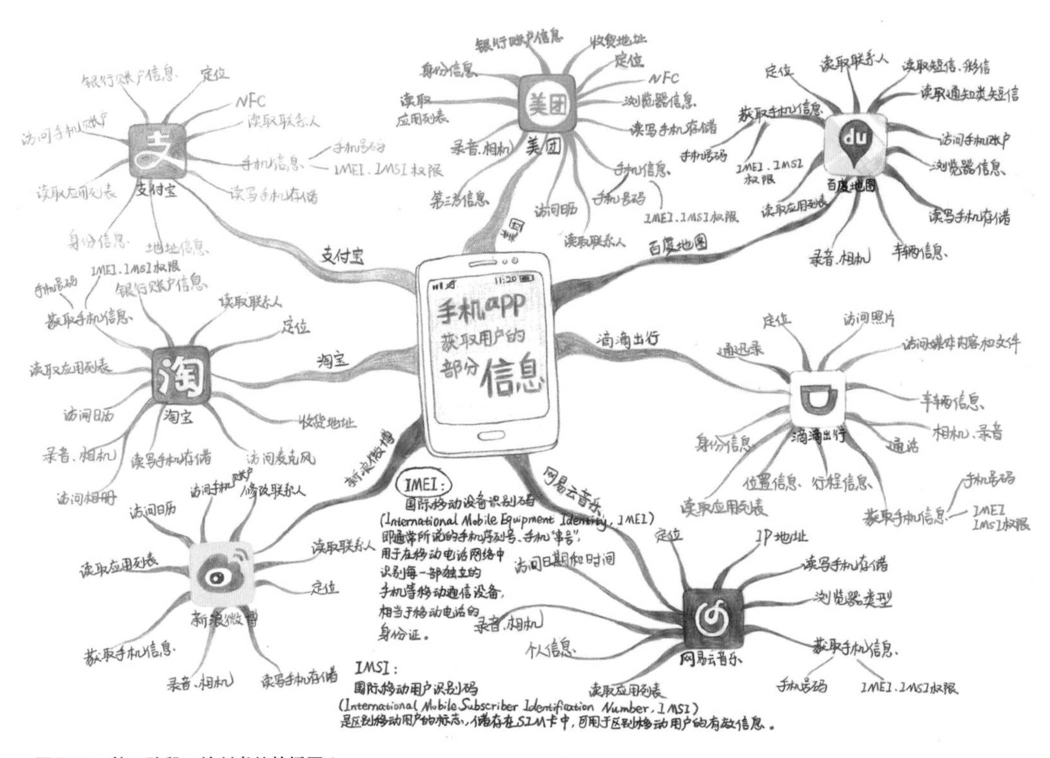


图 5.41　第一阶段：绘制书籍的插图 1

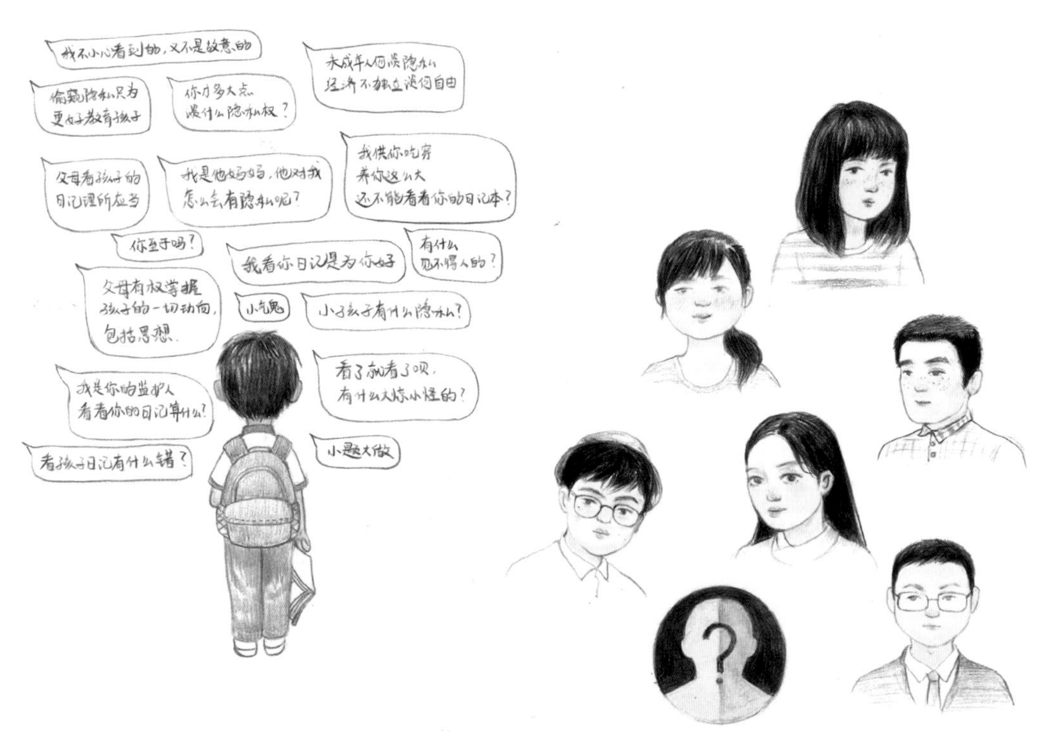


图 5.42　第一阶段：绘制书籍的插图 2

5.43　第二阶段：打印书籍的黑白稿

图 5.44　第三阶段：打印书籍的彩色稿 1

.45　第三阶段：打印书籍的彩色稿 2

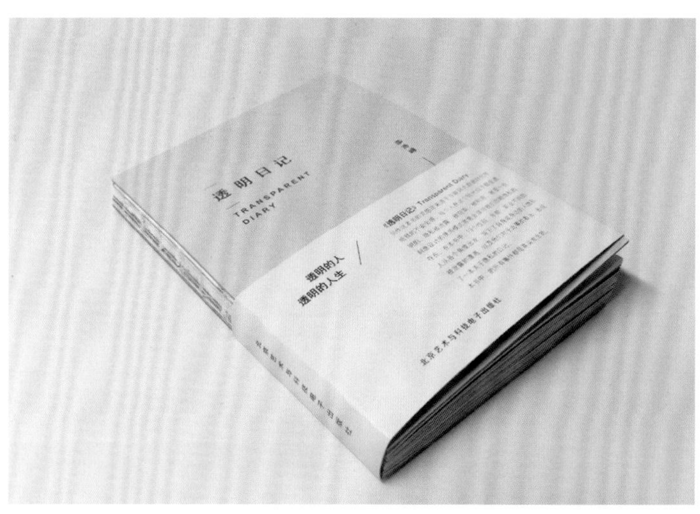


图 5.46　第四阶段：书籍整体设计展示 1

.47　第四阶段：书籍整体设计展示 2

图 5.48　第四阶段：书籍整体设计展示 3

### （八）《汉溪书法通解》设计过程

谷源同学选择对《十七帖》进行书籍设计，以《手帖：南朝岁月》结合《世说新语》讲“手帖”这种文体背后的故事，呈现《汉溪书法通解》之一《十七帖》中古朴典雅的手帖书法艺术。书籍设计采用锁线装结构配合中国书法以线为主的笔形，将书籍的标题、作者、内容简介等信息印在帖纸上。“帖”是古人往来书信用纸之一，书籍设计选择米白色的特种纸模仿其柔软质感，给人古朴典雅的艺术感受（如图 5.49 至图 5.55 所示）。

图 5.49　第一阶段：根据电子文件打印出书籍成稿

图 5.50　第二阶段：按顺序配好锁线的每一帖

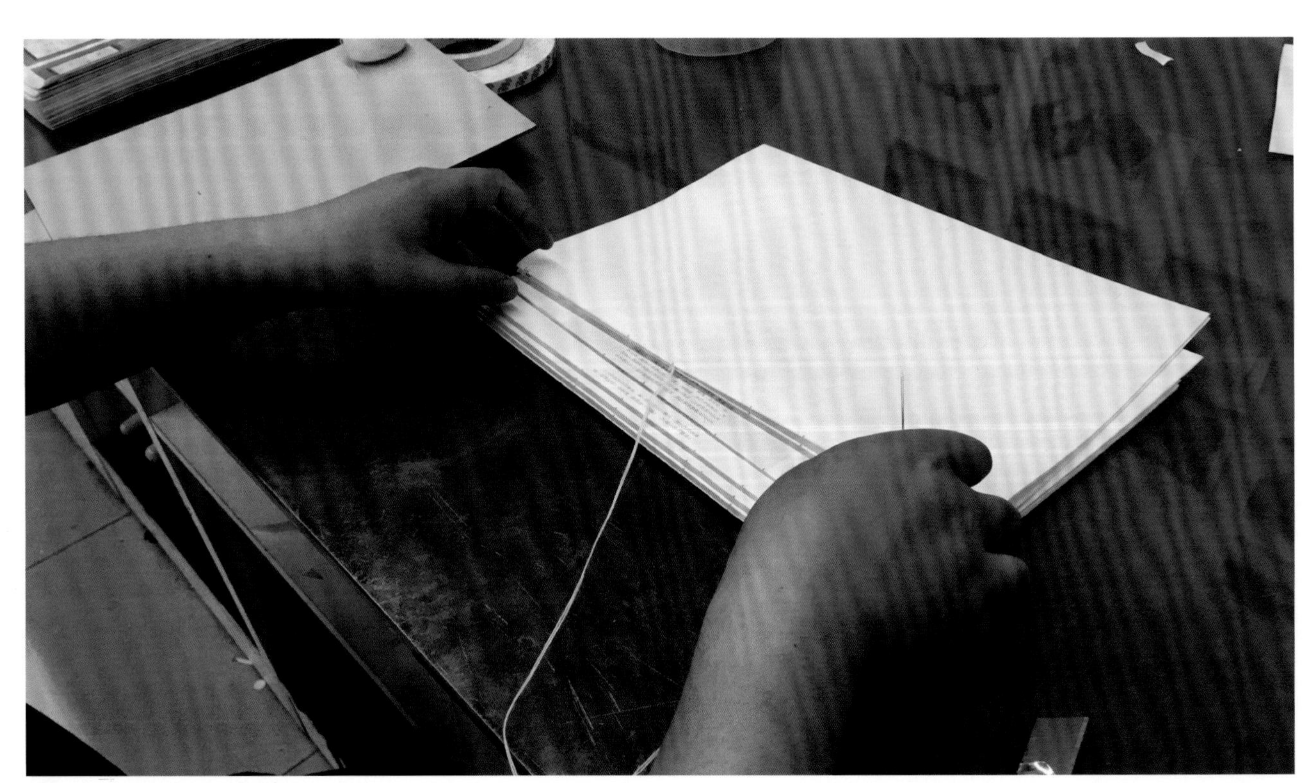

图 5.51　第三阶段：进行锁线装帧

图 5.52　第四阶段：书籍整体设计展示

图 5.53　第四阶段：书籍内页展示 1

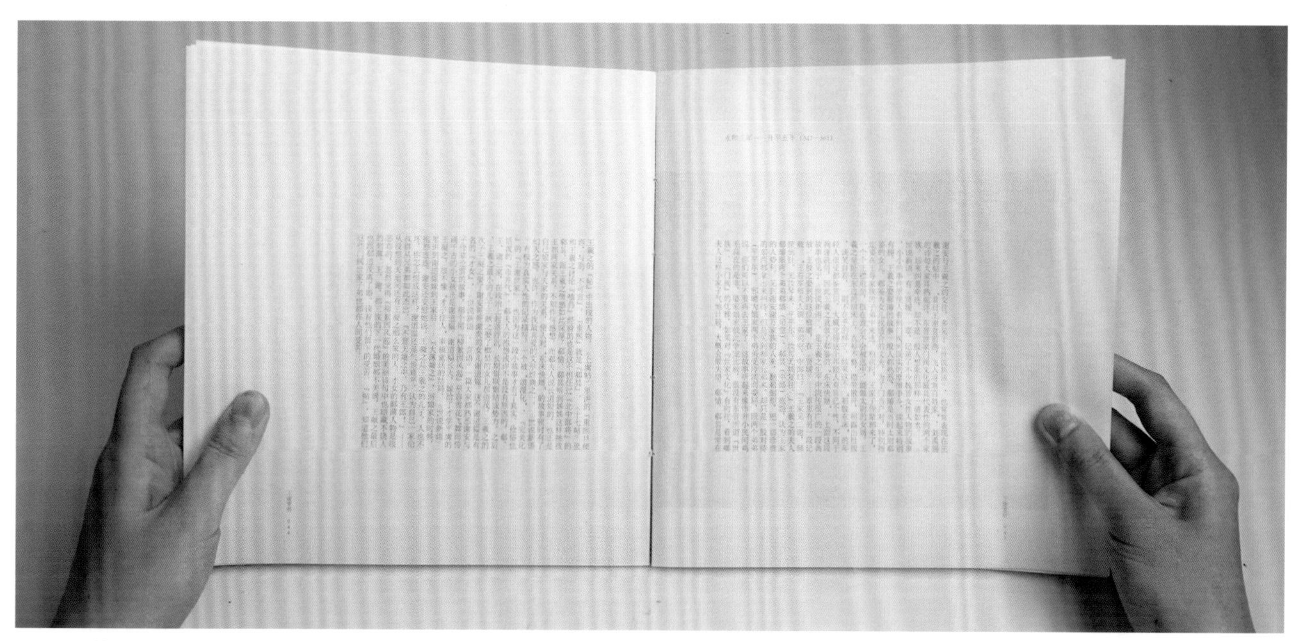

图 5.54　第四阶段：书籍内页展示 2

图 5.55　第四阶段：书籍内页展示 3

### （九）《朱光潜谈美》设计过程

伊冠闻同学选择对《朱光潜谈美》进行书籍再设计，提炼原书中的文字并将其作为最核心的设计元素。书籍设计风格朴素，形式上是一名美学学者给自己在国内的朋友写的信。设计者将重点放在书籍的文字上，让读者在阅读书籍的同时，感受到不同的美（如图 5.56 至图 5.61 所示）。

图 5.56　第一阶段：书籍设计结构小样的制作

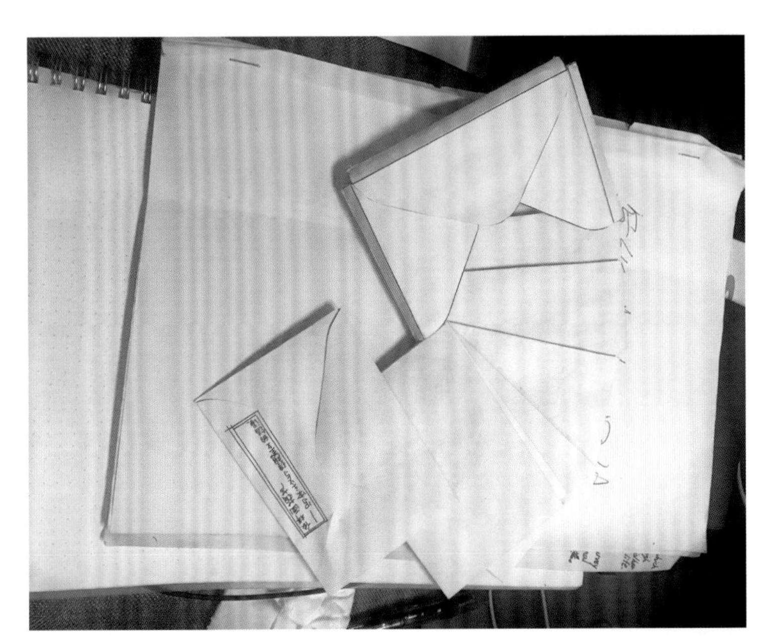

图 5.57　第二阶段：书籍信封的制作

图 5.58　第三阶段：书籍封面小样的制作

图 5.59　第四阶段：书籍整体设计展示

图 5.60　第四阶段：书籍局部设计展示 1

图 5.61　第四阶段：书籍局部设计展示 2

## （十）《中国蝴蝶原色图鉴》设计过程

李烨同学选择对《中国蝴蝶原色图鉴》进行书籍再设计，将这本书的整体设计分为两个部分：第一部分整体介绍中国蝴蝶的种类，采用胶装的书籍装帧形式，将内页切口设计成蝴蝶羽翼的形状。展开书籍的对页，可以看到一只只完整的“蝴蝶”。第二部分选取斑蝶科进行具体介绍，采用经折装的书籍装帧形式，将书籍的折口用打火机烧成蝴蝶羽翼的形状。当书籍完全展开时，整本书在外形上犹如一只翩翩起舞的蝴蝶。书籍设计的两个部分在结构上相互呼应，色调以红、黑、白、黄为主（如图 5.62 至图 5.71 所示）。

图 5.62　第一阶段：在计算机软件中设计好书籍的内页版式

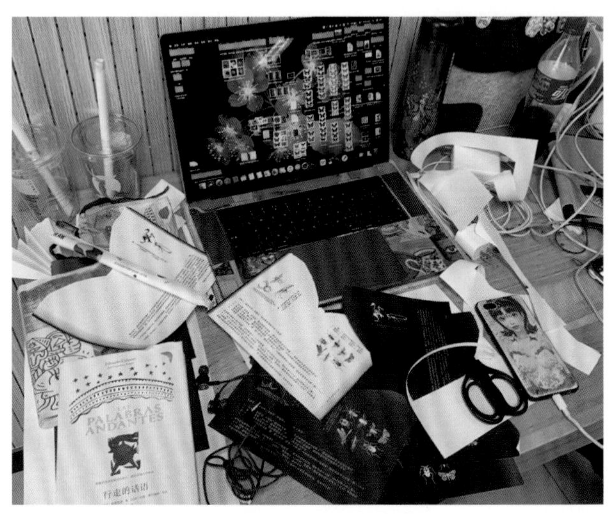


图 5.63　第二阶段：将内页打印出来并裁剪书籍的切口

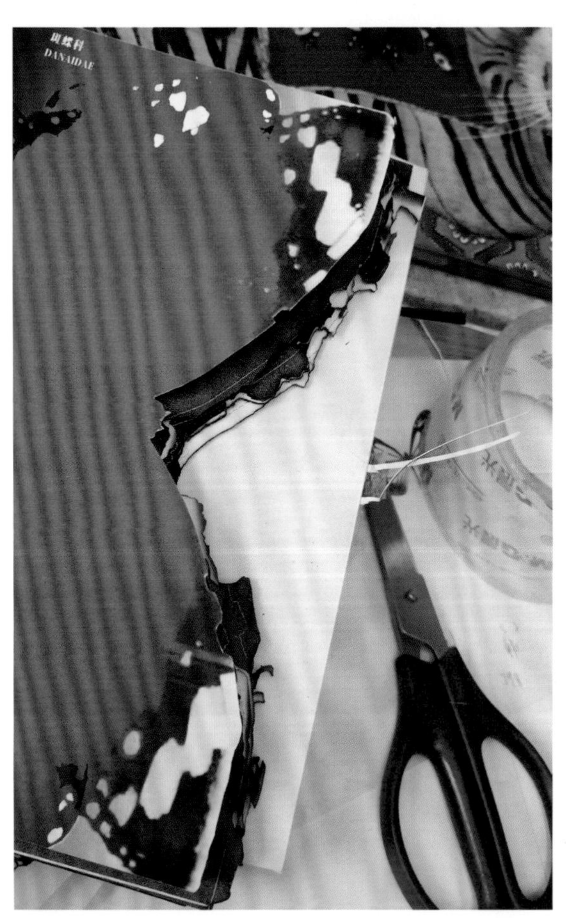


图 5.64　第三阶段：将书籍内页装订成册

图 5.65　第四阶段：实验经折装的折扣变化

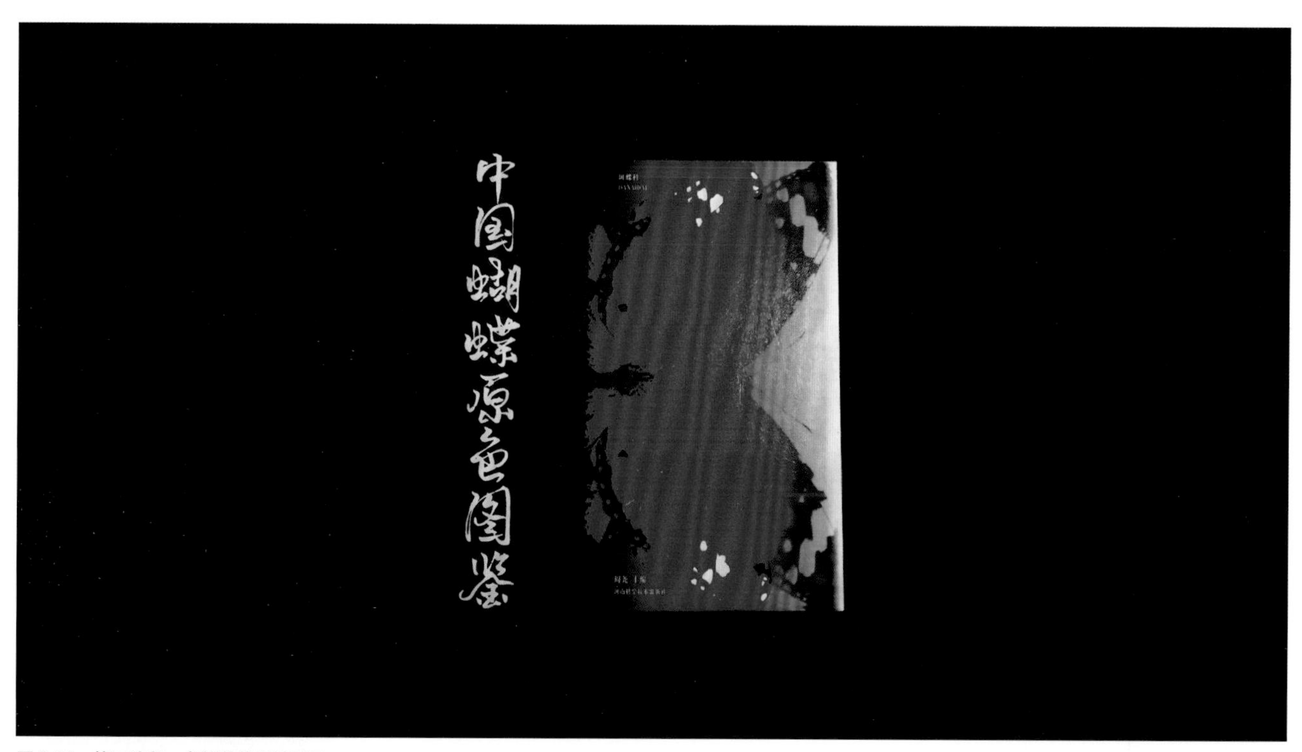


图 5.66　第五阶段：书籍整体设计展示

图 5.67　第五阶段：书籍 180° 翻开展示

图 5.68 第五阶段：书籍内页对页展示

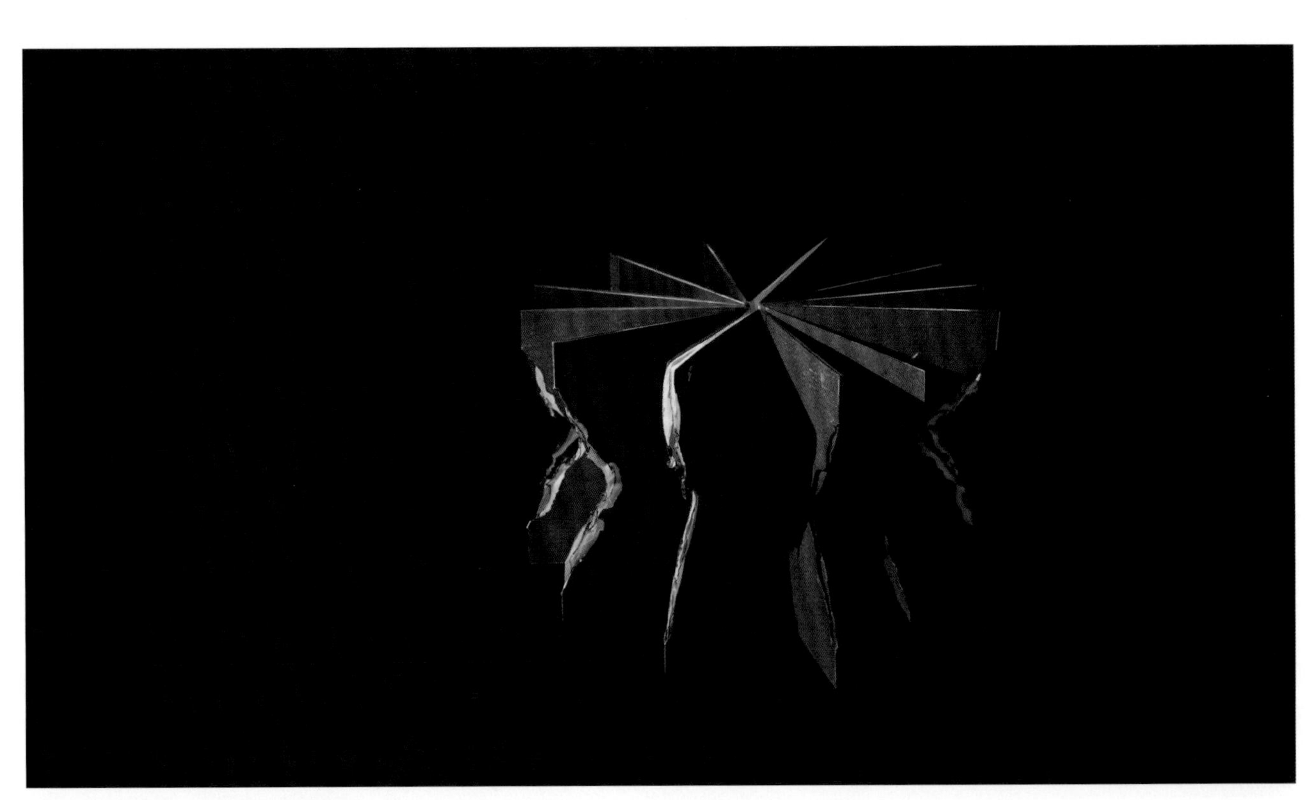

图 5.69 第五阶段：书籍经折装部分展示

图 5.70　第五阶段：书籍经折装内页展示

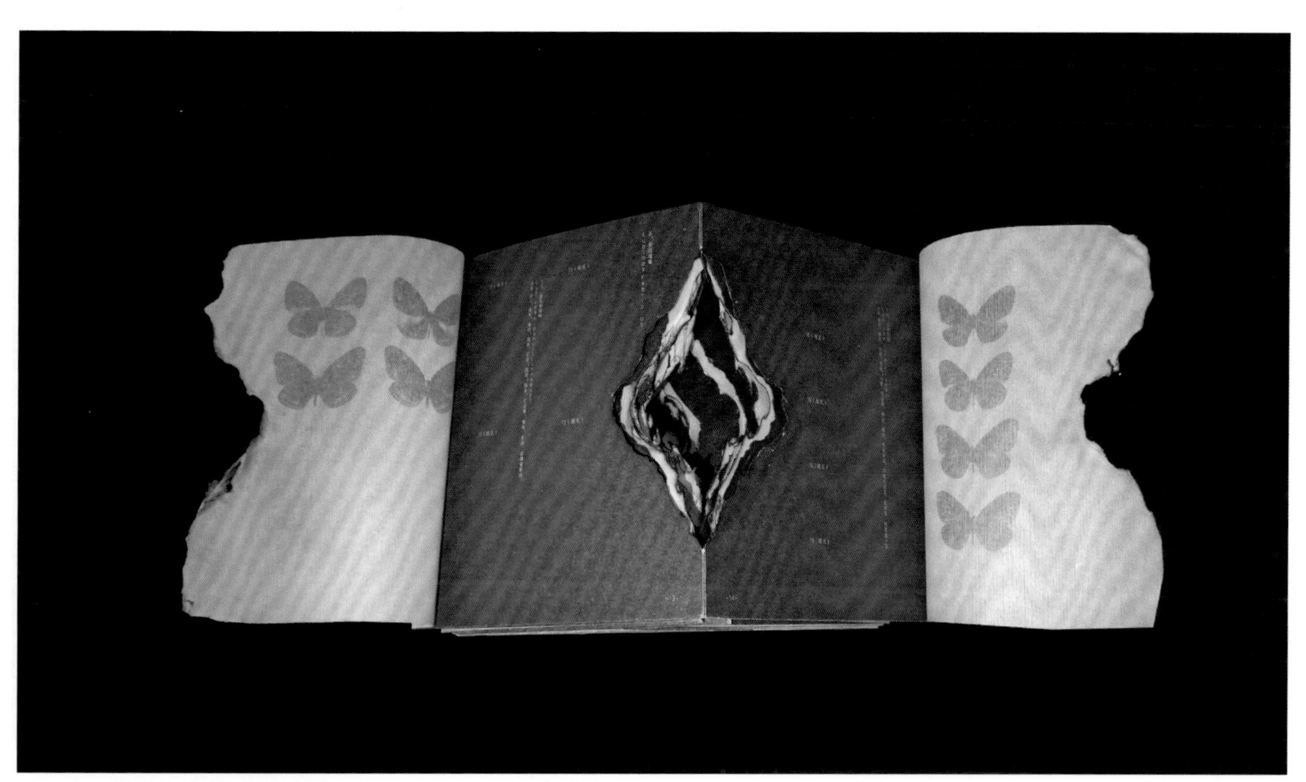

图 5.71　第五阶段：书籍经折装翻开展示

## 思考题

1. 如何用空白纸做一本符合书籍文本内容气质的设计结构小样？要求书籍设计结构小样上不能出现任何文字或图片，要以空白纸的形式探索书籍装帧结构。

2. 如何根据书籍主题内容和整体设计概念选择合适的书籍设计结构小样？

3. 如何根据书籍主题内容和整体设计概念选择合适的版面设计小样？

4. 如何根据确定好的书籍设计结构小样选择适合书籍主题内容和整体设计概念的印刷纸张？

5. 如何根据确定好的书籍设计结构小样选择适合书籍主题内容和整体设计概念的印后工艺？

6. 如何确定一本书籍是否完稿？

7. 做出一本完整的书籍最大的收获是什么？

## 参考文献


陈颖青，2012. 老猫学出版：编辑的技艺 & 二十年出版经验完全汇整 [M].2 版 . 杭州：浙江大学出版社 .

邓中和，2004. 书籍装帧创意设计 [M]. 北京：中国青年出版社 .

eye4u 视觉设计工作室，2009. 进阶理解版式设计 [M]. 北京：中国青年出版社 .

汉斯・鲁道夫・波斯哈德，NIGGLI 出版社，2005. 版面设计网格构成 [M]. 郑微，译 . 北京：中国青年出版社 .

黎洪波，利来友，陈勇辉，2014. 图书编辑校对实用手册 [M].3 版 . 桂林：广西师范大学出版社 .

毛德宝，2008. 书籍设计与印刷工艺 [M]. 南京：东南大学出版社 .

美国芝加哥大学出版社，2014. 芝加哥手册：写作、编辑和出版指南 [M].16 版 . 吴波，等译 . 北京：高等教育出版社 .

马衡，等，2019. 古书的装帧：中国书册制度考 [M]. 杭州：浙江人民美术出版社 .

庞溟，2013. 阅读的逻辑：这个时代我们如何读书？ [M]. 北京：社会科学文献出版社 .

邱陵，1990. 书籍装帧艺术史 [M]. 重庆：重庆出版社 .

乔瑟普・坎伯拉斯，2015. 欧洲古典装帧工艺 [M]. 于宥均，译 . 北京：中国青年出版社 .

阙道隆，徐柏容，林穗芳，1995. 书籍编辑学概论 [M]. 沈阳：辽宁教育出版社 .

肖东发，2009. 从甲骨文到 E-publications：跨越三千年的中国出版 [M]. 北京：外文出版社 .

许楠，魏坤，2009. 版式设计 [M]. 北京：中国青年出版社 .

杨永德，2006. 中国古代书籍装帧 [M]. 北京：人民美术出版社 .

杨林青，2017. 中文字体应用手册 I：方正字库 1986—2017[M]. 桂林：广西师范大学出版社 .

郑军，2017. 历代书籍形态之美 [M]. 济南：山东画报出版社 .

张秀民著，韩琦增订，2006. 中国印刷史（上）：插图珍藏增订版 [M]. 杭州：浙江古籍出版社 .

张秀民著，韩琦增订，2006. 中国印刷史（下）：插图珍藏增订版 [M]. 杭州：浙江古籍出版社 .

张林桂，张涵佳，2010. 一本书是怎样诞生的 [M]. 北京：印刷工业出版社 .